重山社

出品

SONGZEN PUBLICATIONS

SUCRAFTS SERIES

周骏 拙石 主编
苏作匠心录丛书
（第二辑）

古典空间里的宋风家具

THE SONG-STYLE FURNITURE IN CLASSICAL SPACE

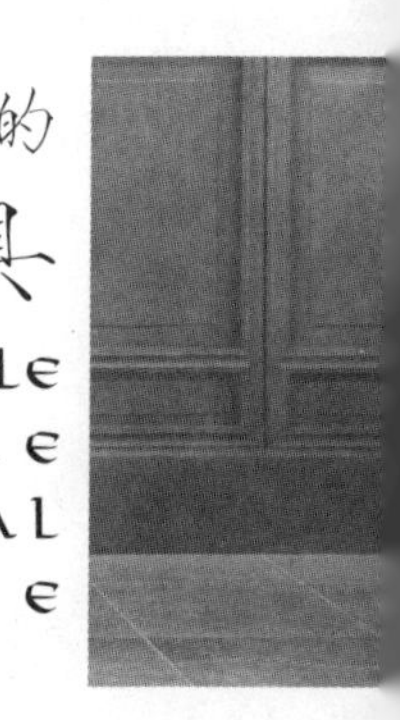

周骏 著

曹志凌 摄影

中国建筑工业出版社

苏作匠心录丛书
（第二辑）

序

foreword

苏州是吴文化的发祥地之一，也是世界上文化资源总量最多、门类最齐全的城市之一，特别是在明清时期，苏州的创意设计已在全国独领风骚，形成了独具风格的“苏作”产业，如著名的“苏绣”、“苏扇”、“苏作家具”、“吴门画派”、“苏作玉器”、“苏州园林”等，这些以地域命名的特色产品从设计到加工工艺、手段都具有独创性，这就是历史上的创意产业。当时的苏州是引领全国的时尚之都，京城的皇族、贵族都以拥有“苏作”文化产品为荣耀。近年来，“苏作”设计、工艺与营造产业在继承传统优势的基础上突飞猛进，不仅在传统行业，在许多新兴产业也展现出“苏作”的特征。而建筑是城市的脉络，是城市发展的根，苏州是一座拥有2500多年历史的名城，园林建筑就是苏州的城市之根。在历史演进的过程中，苏州不仅形成了园林、民居、小桥、流水等独具特色的建筑与城市风格，还孕育了一支在中国乃至世界建筑史上声名卓著的建筑技艺流派，这就是香山帮。香山帮作为苏州古典园林与传统建筑的缔造者和传承者，可以说，香山帮传统建筑营造技艺堪称“苏作”中的第一作，因为正是苏州古典园林和传统建筑为“苏作”提供了空间载体，使物质文化遗产和非物质文化遗产得以在此交集容纳。

苏作匠心录丛书的选题、编撰、出版就是致力于汇集整理、研究传播“苏作”在当代的发展与实践，它既是一类重要的技艺研究总结，也是广义上的一类

“与古为新”的文化研究课题，力图呈现融境中西方的美学价值和社会价值。本丛书分为三大版块：一是苏作营造（园林建筑与陈设）；二是苏作传统工艺与当代设计；三是苏作与文化研究。值得强调的是，这三大版块的内容更是聚焦于当代苏作匠人、设计师、学者的精工开物，因此，匠心录就成为他们研创磨砺、殚精竭虑、心血汗水与激情的一份记录与总结。

古老的中国在发展的漫漫长路上，其空间哲学与生命美学一直经历着更迭与融合，其间，“苏作”就是参与空间建构和文化建构的一支重要力量。今天，我们更有理由相信，在这片中华大地上，“苏作”正以构筑传统与现代、历史与未来的融合之境，为我们展开一幅当代匠心的阐释之卷。

苏作匠心录丛书（第二辑）包括《古典空间里的佛像艺术》、《古典空间里的碑刻艺术》、《古典空间里的宋风家具》和《古典空间里的欲望困境》。显然，《古典空间里的欲望困境》这部书已经脱离了器物技艺层面，而是关涉建筑、空间背景中的欲望及其哲学人类学的叙事讨论，进而“苏作”已成为一个文化概念的综合，这也赋予了“苏作”一种形而上的创新价值。于此，我们更希望得到广大专家与读者的不吝批评指正！

是为序。

周骏

苏州重山文化传播有限公司总经理

徐伉

重山文化传播中心总编辑

2017年10月于苏州

目录

contents

第6章："宋风"家具的造诣

第7章："宋风"家具的审美情趣与禅宗思想

第8章："宋风"家具对明式家具的影响

第9章："宋风"家具对当代设计的启示

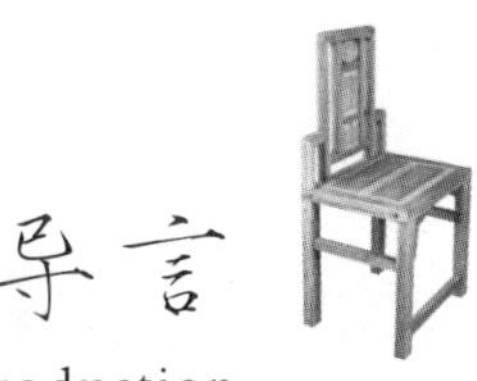

导言

introduction

家具是人类起居生活中不可或缺的必需品，它不仅记载了历史的前进轨迹，还承载了人类生活方式的嬗变基因。宋代是中国传统思想观念发生变革的朝代，它改变了前代雄霸天下、万国来朝的强盛气势，新思想、新的哲学意识以及新的处事态度都在这一时期开始逐渐形成。城镇生活的繁荣让园林及高档住宅得到了大量的新建，由此，家具的设计打造成为必然，这给家具业的改革及发展提供了良好的社会环境。

宋代是我国家具史上的重要发展时期，在这一时期，高型家具得到快速的发展并普及在大众的家庭中，垂足而坐完全取代了席地而坐，中国历史上的起居方式大变革，至此已经彻底完成。除了高度上的变化外，家具的种类也变得更加丰富。

宋代家具中技艺的结合堪称完美，很多中外家具研究爱好者将其称为家具中的典范。宋代家具所表现出的儒雅朴素的艺术风格深受人们的喜爱，各类家具渐渐丰富细化的同时也在逐渐趋向简洁和儒雅。

如今，随着家具收藏热度的有增无减与当代古典式空间的陈设所需，越来越多的人开始对中国古典家具的研究抱有浓厚的兴趣，但是人们的目光很多都是偏向于明清时期的家具，在他们看来，明清时期的家具才是中国古典家具史的代表。众所周知，明式家具因其用材考究以及朴素的造型成为中国古典家具制作与设计的顶峰，而究其根源，却与宋代家具有着密不可分的关系，宋代家具是我国古典家具的重要转折与定型时期，古典家具的发展至此，技术结构已经非常成熟，种类及造型也已经基本完备。但是由于年代较为久远，并且宋代家具出土、存世实物较少，不仅可供人们研究的实物依据较少，而且有关宋代家具研究的文献也较少，并且由于学者研究的角度、研究者自身的文化修养与价值取向的不同，对宋代家具的研究需要在相互借鉴、共同继承的研究基础上导向开拓创新。

本书拟从宋代高型家具产生的社会背景入手，结合“宋风”家具在种类、结构、造型及美学思想等方面，对“宋风”家具展开较为细致全面的研究，使“宋风”家具这一灿烂的文化载体得以更好地发展传承下去。

第1章：

"宋风"家具的溯源

trace to the source

1.1 “宋风”家具的社会背景

宋代处于汉唐和明清之间。在唐代灭亡以后，社会上出现了很多地方团体，这些团体势力之间为了争夺领土，不惜兵戎相向，并最终演变成了“五代十国”的混乱局面。公元959年，后周皇帝世宗柴荣逝世，柴宗训即位，由当时的禁卫军最高长官赵匡胤辅佐。次年，赵匡胤发动叛变，建立了北宋王朝。“公元1127年，由于金兵的入侵，宋朝王室被迫到杭州建立新的都城，史称南宋。后来在蒙古军的入侵下，南宋灭亡，历时三百多年的宋代王朝退出了历史的舞台。”宋代是一个重文轻武的朝代，宋朝的历代皇帝都崇尚以文治国和以仁治国，这种治国方式导致了其内忧外患的格局，但却让宋朝在经济、文化和教育上达到了封建社会的顶峰。

苏州重山造：宋风禅椅1

宋代的农业较前代相比已经进入繁盛时期，在此基础上也形成了一些具有商业文明的种子，如商业、货币及城市等。同时还出现了雇佣劳动和集资合伙人等新事物。随着农业的发展，粮食的剩余产量得到提升，手工业生产扩大，运输工具和交通条件也得到很大的改善，在这一时期，商品经济迎来了继战国之后的一个高涨期。宋代作为中国古代史中的一个重要朝代，把中华民族古代经济文化推进到了当时世界文明的顶峰，日本宋史学家宫崎市定这样评价："宋代是中国历史上最具魅力的时代。中国文明在开始时期比西亚落后得多，但是以后这种局面逐渐被扭转，到了宋代便超越西亚而居于世界最前列。然而由于宋代文明的刺激，欧洲文明向前发展了。"由此可以看出宋代文明对世界文明的影响之大。

苏州重山造：宋风禅椅2

苏州沧浪亭与宋式山林

1.1.1 宋代的文化底蕴

在宋代史上，文化事业的发展是非常受世人瞩目的，史学大师王国维认为："水一朝，人智之活动与文化之多方面，前之汉唐，后之元明皆所不逮也。近世学术，多发端于宋人。"著名学者陈寅恪曾经说："华夏民族之文化，历数千载之演进，造极于赵宋之世。"一些国外的学者也对于宋代的文化给予了很高的评价，他们称宋代文化是"东方的文艺复兴时代。"邓广铭先生也曾这样评论："两宋期内的物质文明和精神文明所达到的高度，在中国整个封建社会历史时期之内，可以说是空前绝后的。"而事实上也正是如此，宋代无论是在物质上还是精神上所达到的高度在整个中国封建史上都是空前绝后的。

宋代文化是中国文化历史上的一个丰盛期，文学、理学及艺术等领域都取得了举世瞩目的成就，宋太祖非常惜才，曾下令要求其子孙永远不得杀害文人，这使文人在宋代的地位得到空前的提升。

"宋代的文人崇尚以人为本的精神生活和文化环境，在这一时期出现了很多名留青史的文人墨客，如宋代文学最高成就代表苏轼和欧阳修"。由于宋代一直提倡儒家思想，所以宋代整体的文化素

苏州沧浪亭：宋槐

质都比较高，并且在这一时期开始大力推行科举制度，增加书院的数量，使落后地区的普通民众也都能接受到教育，这一时期的诗词散文成就促使宋代的文明超越前代。此外，宋代还很注重对历史的记录，《资治通鉴》就是这一时期具有代表性的史学作品。宋代的辉煌不仅仅是在教育方面，火药、指南针、印刷术这些都是在宋代发明的。宋代人以朴素、实用和工整为美，这种审美观念也影响了宋代家具的风格形成，使得宋代家具出现了简洁明快、清秀素雅的风格。

1.1.2 宋代发达的手工业

宋代提倡的“重文轻武”这一儒家思想，对社会各方面都起到了极大的推动作用，手工业就是其中之一。宋代政府鼓励百姓经商，这为手工业的发展奠定了非常良好的环境基石。“在这一时期，手工业形成了较为全面的类别，能够满足生产生活需要的手工业行业的社会分工。宋代手工业分为官营手工业与民营手工业，受社会条件的限制，两者生产规模也有很大的不同。”官营手工业主要以行政的方式进行资源配置，可以通过市场或者行政的方式获得大量的劳动力，所以能够组织规模很大的生产，民营手工业主要靠自身的积累，规模要小一些。

“宋代的手工业比较发达，并且各种手工业已经形成了商品生产性质的生产活动。”手工行业的种类有很多，其中包含了很多细密的行业分工，所以教义的范围也扩大很多，这样也增加了市场上的商品种类，从而促进了商品经济的深度发展。宋代的纺织手工业无论是在质量还是数量上，都比唐朝有了很大的提升，此外，宋代的冶铁业也很发达，这主要得益于金属与冶铁业的开采为其奠定了物质基础。宋代手工业的发达也促进了商业的兴盛，这使各地方之间的商业互动也更加频繁，很多城市也开始出现，街道两旁设有很多店铺。手工业的兴盛为宋代的经济起到了推波助澜的作用。

1.1.3 宋代兴盛的建筑业

中国古代建筑凝聚着较高的艺术价值和科学价值，特别是到了宋代，中国建筑的科技含量更是达到了一个新的高度，宋代的建筑（见图1-1）没有继承唐代建筑中宏伟的气势，但却呈现出细致典雅的特征。这一时期出现了一部建筑学巨作:《营造法式》，“《营造法式》对于规范建筑的构件以及材料的估算等方面都有着统一的标准，总结了历代以来的建筑经验，是我国最为全面和科学的建筑著作。这部著作中有很多篇幅是介绍小木作制度，其技艺十分精湛，为家具的改造与提升奠定了物质和技术基础。”促进了宋代家具业的发展。宋代用砖石作为建筑材料的水平不断提高，在这一时期主要的砖石建筑为桥梁和佛塔，以杭州灵隐寺为代表（见图1-2）。宋代的园林建筑在中国建筑史上有很高的地位，其园林建筑与自然环境相融合，创造出因地制宜的处理手法，烘托出山水写意的园林意境。宋代的建筑不仅在我国是一颗璀璨的明珠，在世界上也占有极其重要的地位，它是中国建筑走向世界建筑的一块基石。

图1-1　宋代的砖石建筑（河南开封繁塔）

图1-2　杭州灵隐寺

1.1.4 对“宋风”家具的影响

宋代发达的手工业（见图1-3）为家具的发展奠定了物质基础和带来了技术上的支持，手工业中的陶瓷与纺织业的兴盛让家具的转型得以实现。而建筑业的新兴技术对家具的发展也起到很大的推动作用并使得宋代家具表现出了极大的生命力。传统工艺的精细和专业的分工使当时出现了很多高技术的能工巧匠，若是没有他们，家具的发展便无从谈起（见图1-4）。

“宋风”家具在结构和造型方面由于受到建筑上面的梁柱式结构的影响较大，这与唐代有很大的区别，在家具上也采用榫卯的框架结构，这些装饰性的处理手法极大地丰富了家具的造型，同时也为家居后来的发展打下了坚实的基础。

图1-3　宋代手工业中的自动化技术

图1-4　宋代玉石雕刻

1.2 宋代以前的家具概况

早在新石器时代，我国就已经出现了家具的雏形。到了商周时期，“席”则成了家家户户必备的生活用具。到了宋代，家具的形式发生了巨大的变化，人们也从席地而坐变成了垂足而坐，这在中国的家具史上具有里程碑的意义。宋代之前的家具形式对宋代家具形式的改变有着重大影响。

秦汉时期的社会统一安定，这种良好的社会环境极大地推动了经济的发展，而当时的统治者为了巩固自己的统治，在文化与经济方面做了很多的革新，以此来加强中央集权。除此以外，政府还大量地建造宫殿与都城，大兴土木。

秦汉时期国内的生产力水平不断提高，属于封建社会的提升期，在这种环境下，家具工艺也得到了很大的提高。这一时期，秦汉人的生活习惯是以跪坐为主，所以低矮的家具较为流行，人们在接待客人或者休息的时候都喜欢坐在床榻或者席上，这种方式使客人与主人都会觉得较为舒适，人们通常还会在床榻的四周放置一些几案类家具做装饰或者放置一些小型物件，因此，几案类的家具也随之发展起来。案一般都是拿来放置一些小物品或者装饰品，而几大多是用来倚靠的。由于审美的需求，漆艺开始得到广泛的运用，很多家具都会上漆，使其外表看起来较为精美。除了漆工艺得到发展外，纹饰的形式也开始变化，创作者的想象力更加丰富，所以纹饰的形式也变得精美多变。

苏州沧浪亭外景

苏州沧浪亭：月洞门

苏州沧浪亭：荷花纹漏窗

矮低型的家具在秦汉一直都处于主流地位，但后来随着佛教的传入，高体型的家具开始进入大众的视野，低矮型家具逐渐被高型家具代替，因此，跪地而坐的起居方式也开始发生变化。

魏晋南北朝时期出现了第二次民族大融合，这是一个非常具有特色的时代，在这个时代，战争非常平凡，政权也不断地更迭，社会动乱不堪，社会上的人口流动量非常大，这就带来了物质生活与精神文化上的交流与融合。在物质生活上，人们的生活习惯，穿着方面都得到很大的改变，精神上，人们已经逐渐摆脱儒家思想，开始追求自由创新。

所以在家具的设计上也开始呈现出一系列新的特征，如家具的种类进一步增多，各种功能也更加齐全，在体型上也逐渐趋于宽敞和高大；其次，由少数民族带来的新型家具也受到大众的喜爱，这一时期的陶瓷家具和漆木家具成了两大主要家具门类。

苏州沧浪亭：复廊1

魏晋南北朝时期，虽然高型家具已经出现，但仍然以席地而坐为主，由于纺织技术的进步以及与少数民族的频繁往来，使可用来坐卧的茵席品种比之前增加更多。此外，各种坐卧的褥子也很多，我们可以从当时的绘画以及现代出土的实物中找到一些存在的依据。东晋时，人们仍然将席作为独立的坐具来使用，到了南朝以后，床榻坐具使用开始普及，而席渐渐成了床榻的附属品。魏晋南北朝家具的首要功能是实用性，这与西方提倡的“技艺结合”观念相似。当时的家具都带有设计者的个人较独特的气息，而富有生气与纯朴是当时家具的共同之处。

唐代在我国历史上处于封建社会的繁荣鼎盛时期，它的文化与经济都得到了空前的发展，长安作为当时的国际性大都会之一，也是亚洲的经济中心。随着经济水平的大力提高，人们的生活用品及各类家具业出现了蓬勃发展的趋势。由于人们的创新意识和审美的提升，各种新式样，制作精美的品种应运而生。唐代的家具在我国家具史上起着承前启后，继往开来的重要阶段，除此之外，它还影响了国外的家具制作业的发展。

苏州沧浪亭：复廊2

从唐代的绘画以及敦煌壁画中可看出当时的家具种类繁多，大致包含床、榻、桌、几、案和屏风等十多种。唐代家具在用材上面十分考究，通常使用紫檀、沉香木、樟木和铁刀木等一些质地细腻，纹理美观的木材。唐代家具的体量都比较大，在造型上要么活跃清新，要么雍容华贵，特色鲜明，壸门在唐代的使用很多，其曲直相济的特点使得装饰美感得到提升，同时也加强了家具的防潮性能与刚度，壸门这种形式结构成了唐代家具中一个重要特征。

1.3 宋代家具概况

宋代是我国家具变革的一个重要朝代，其家具设计也一直影响至今，高型家具成了主流的家具，这使人们的起居活动发生了根本性的改变，家具由繁琐复杂的箱式转变成了轻巧雅致的框架式家具，高型家具在隋唐五代时期就已出现，但受当时的社会环境影响，并没有被大众使用，只是出现在一些皇室贵族的家中，直到宋代时期，高型家具才普遍出现在大众的生活中。在著名的《清明上河图》（局部见图1-5）中可以清晰地看到高型的家具已经很普遍的出

图1-5　清明上河图局部

现在百姓的生活中，画中的桌椅从形式上看来都是垂足而坐的形式，从这我们可以看出，垂足而坐的生活起居方式在宋代已经基本确立。这种方式对家具形式的变化以及陈设布局的转变产生了深远影响。

椅凳和桌案类家具形式最能够体现出高型家具的发展与成型，椅凳类家具种类很多，其中就有交椅、靠背椅和扶手椅等形式，而桌案类家具则包含了方形、圆形、长方形等类型。在造型上面，宋代家具更加注重雅致与清秀，摆脱了唐代家具给人带来的厚重感。在结构上，宋代家具受梁木架构的影响较深，渐渐摆脱唐代的壶门结构，形成了梁柱式框架结构。此外，设计者们在家具表面的装饰上和髹漆的使用上也下足了工夫，这大大地提升了家具的审美价值。

“在家具的陈设布局方面，宋代改变了以往的以床榻为中心的起居方式。”家具摆放的格局也发生了改变，宋代之前家具的陈设主要围绕床榻为中心展开，如果是家里有客人到来，那么几案类的家具就可以直接放置在床榻上面，便于放置茶水实物来招待客人。由于垂足而坐的起居方式在宋代已经形成，所以宋代的桌椅都是独立摆放的，或者在有些家庭

苏州沧浪亭入口

中，屋主会将椅子或凳子摆放在桌子的周围。此外，屋主还会在桌案的后方摆放一道屏风，由此形成视觉上的主次关系。这种以桌案为中心的布置格局一直沿用到明清时期。

1.4 小结

宋代统治者们实行的“重文轻武”的政策为宋代经济和文化的发展提供了大量的人才基础与良好的社会环境。手工业和建筑业取得的巨大成就也为家具的改造与提升奠定了技术与物质基础，推动了宋代家具业的发展。在这一时期，垂足而坐代替了以往席地而坐的生活方式；成为中国家具史上的重要转折点。家具的种类变得更多，在造型上更加清秀雅致。梁木架构取代了壶门结构，家具的表面使用了髹漆的装饰手法，提升了家具的审美价值。如果没有这一时期的积累，那么后世家具的繁荣也就变成了无稽之谈。因此，“宋风”家具的研究有着重大意义，它不论是在装饰造型还是材质方面，对明清家具的繁荣乃至当代家具设计都起到了非常重要的作用。

第2章：

桌、案、几类“宋风”家具

table, desk and sidetable

2.1 发展背景

据文献记载，早在远古部落的虞氏时代，就已经有了桌案类家具的雏形：俎（见图2-1）。《礼记.明堂位》中载“俎，有虞氏以梡，夏后氏以蕨，殷以椇，周以房俎。”夏、商、周时期是中国奴隶制社会的形成与成熟时期，俎和几是当时主要的桌案类家具，人们对天地的崇拜意识很深，俎就成了祭祀的主要用具。

案是春秋战国时期新兴起来的家具，用途比较广泛，最早时期的案的形态是圆柱形矮腿，由一整块料刳制，后来出现了漆案和高足案，按照用途分类有书案、食案和放置用品的案。桌子的雏形也在这一时期开始出现。到了汉代，案的形式开始增多，造型和案足的样式也变得多样。春秋战国时期的几有板式足和二足，几上绘制有彩漆花纹，几上可以放置器物，具有桌案的功能。汉代的几种类增多，出现了多层几、卷耳几和活动几等，几足的变化也逐渐增多。

图2-1　春秋禽兽纹俎

图2-2 《才会宫宴乐图》

“魏晋南北朝时期仍是以案为主，虽然桌子的雏形已经在春秋战国时期出现，但是在这一时期仍然没有桌子的说法。”魏晋南北朝以前，案的形式分为长方形和圆形两种，有足或者无足。到了南北朝时期，长形案取代了圆形案，并且案都呈有足式。漆案多出现在有钱人家中，平民百姓家中的案则多为陶或者瓷制作的。漆案基本上延续了汉代漆案样式，如马鞍山三国吴朱然墓中出土的《彩会宫宴乐图》（见图2-2）中所绘的漆案，主体图为宫廷的宴乐场景，色彩十分丰富，面髹黑漆。凭几在魏晋南北朝时期比较流行，在造型上出现了三足几的样式。

“隋唐时期是中国封建社会发展的高峰期，在这一时期，经济繁荣，手工业发达，中外的文化交流也十分频繁，”案的种类形式也变得更加丰富，在河南安阳隋代张盛墓出土的案为长方形，案下面有挡板，挡板呈镂空式并向外撇，这样可以在盛放物品时受力均匀，案的两头向上翘起，不仅具有装饰性，还具备实用性。

唐代的案（见图2-3）以翘头案居多，案有高有低，案的腿足有栅形曲足和栅形直足两种。高型的桌子在唐代开始出现，并且广泛运用于人们的生活中，桌面有长条形和方形两种形态，种类有四腿桌和葫芦形的脚桌。有些桌腿之间设有横枨，用来增加桌子的稳定性。唐代出现了金银器几以及在床上用的花几和琴几，几的高度较前代明显增加。

图2-3　唐代栅足案

苏州沧浪亭仰视

苏州沧浪亭：环山池游廊

宋代时期，桌案类家具的发展成为了高型家具的典型代表，两宋时期的案主要有高足条案、柜案、书画案或者一些体量较大的食案，样式十分丰富，在桌出现以前，案在人们的日常生活中可以说是必不可少的，桌、案、几在我国古代家具中属于同种类型，都是用来承载物体。

桌、案、几都是低矮类的家具，它们最初大多都是放在榻上来供人使用的，几是一种造型简单，表面呈长方形的家具，几的面要比案和桌要窄一些，几腿垂直落地，几的腿足有的是向外翻转的，有时是向内翻转的，其样式和古代的卷书有些相似，几通常放置在床的两侧，在宋代使用较少。案比桌的面要稍窄一些，通常放置在床的两头，桌则是摆在床的中间，案上一般用来搁置一些书籍或者酒食之类，而桌都是用来搁置食物和酒器的。

桌案类的家具实际上是从床榻类家具慢慢地演变而来，开始是矮低型，后来发展成了高型的家具，在桌案出现之前，人们只是用榻来休息。那时候高型家具还没被大众所使用，所以家里来了客人就不太方便，而榻只是用来休息的话，利用率比较低，上面如果放个桌案之类，若是家里有宾客到来，便可在桌案上摆放食物酒水招待，既方便又舒适。

后来，人们将榻制作得越来越大，用于日常起居和接待宾客。在南宋的《春宴图》(见图2-4)，图中的案就是用于饮用休息，它是由两个方案拼接而成，形式古朴厚重。《西园雅集图》(见图2-5)里面的案体型很大，很多人围在案的周围观看在案上作画之人，案的整体造型结构简洁大方。这些宋代画作中所出现的桌案在结构上面都继承了唐朝的壶门带托尼式的样式，并且都属于低矮形式的桌案，这也为后期的高型家具奠定了基础。

图2-4　南宋的《春宴图》

图2-5　南宋 马远《西园雅集图》（仿制）

2.2 “宋风”桌

“上面有一个块面，下边用四条腿作支撑，这就是桌(见图2-6)，这块面可以是方形的，也可以是圆形的。”宋代之前，桌子的使用功能都是被案和几类所代替的，直到宋代高型家具兴起之后，桌的功能逐渐发挥出来，代替了案几类家具。“在宋代的画作中就有很多的桌，可见，当时的桌已在市井生活中占有重要席位。”“宋风”桌有折叠式和框架式两种形式，以框架式结构为主，人们在生活中较为喜爱框架式的桌，这主要由于受到建筑的影响，大梁架结构的框架结构在当时的运用已经比较很成熟，并且非常具有代表性。框架式结构的桌子根据桌腿造型的不同分为粗腿桌、细腿桌和花腿桌等形式。粗腿桌在“宋风”家具中使用比瘦腿桌要少，粗腿桌的腿都比较粗，相应的桌面也就会厚实一些，桌子整体比较厚重，在河南安阳新安庄西地宋墓砖雕壁画中就画有粗腿桌。细腿桌在“宋风”家具中较为常见，桌腿都是又细又瘦，设计者通常会在桌的边上增加一两根横枨，这样可以起到稳固的作用，而且桌子的整体风格也显得比较简练。后来横枨开始变粗，而且在桌面和桌腿间设计者也增加了一根牙条，这样，桌子的整体造型也就基本上确定下来了，明清时期，人们又在桌子的结构上增加了插肩榫结构，这使桌子的结构变得更加丰富起来。花腿桌是框架结构家具的一个典型的代表，宋代设计者对桌腿的装饰非常用心，桌腿的装饰样式很多，有如意纹、卷云纹及流云纹等纹饰，所以用“花腿”来形容最为合适，桌子的整体也显得比较复杂。在南宋的《张胜温画卷》中的桌子就是花腿桌。

张择端的《清明上河图》画作中描绘的都是人们日常生活的写照，画中有很多商铺前都摆设桌子，这些桌子有高有矮，结构十分简单，几乎没有什么修饰，或许设计者只是看中其实用性，所以省去了装饰的时间，桌上都摆放一些酒水茶食等，桌面大都有一定的厚度，有些桌子设有横枨，有些则没有。

图2-6　苏武进村前6号南宋墓出土木桌

图2-7 《蕉阴击球图》

图2-8 《半闲秋兴图》

图2-9 《村童闹学图》

“在这幅画作中业出现了一张圆形桌子，桌腿是交错的，由此可判断这是一张折叠式桌子。”折叠桌的好处就在于方便实用，需要的时候只要将桌子撑开便可，不需要的时候就可以将其折收起来，随便放置哪个角落，都不碍事，外出时也方便携带。

“宋风”桌的类型比较多，除了较为常见的瘦腿桌和花腿桌，条桌在“宋风”家具中也比较常见，《蕉阴击球图》（见图2-7）和《半闲秋兴图》（见图2-8）两幅画作中的条桌造型风格完全不同，《蕉阴击球图》中的条桌的造型继承了前代包括汉唐以来的特征，吸取了传统大木梁的建筑结构原理。书桌在宋代人的生活中扮演着比较重要的角色，在《村童闹学图》（见图2-9）这幅画作中就有书桌，书桌的造型与条桌差不多，只是要比条桌宽一些，长度上也稍长一些。除此之外，人们还设置了供下棋用的棋桌、为奏琴使用的琴桌、供佛用的供桌以及喝茶用的茶桌等。

苏州沧浪亭：瑶华境界

2.3 “宋风”案

案和桌的外形很相近，都是由一个面和四条腿足组成，但是案的承托面是长方形，桌的承托面形式较多。案与桌最大的区别在于，案的四条腿都安置在案面的内侧，而桌的四条腿足都在桌面的边缘，而且案的形制基本上都是长条形。根据史料的记载，案在汉代的时候就已经广泛使用了，由于受当时人们起居习惯的影响，案的高度都很低，矮足案就是当时比较流行的一种，后来随着佛教以及一些外来文化的传入，隋唐的一些高官贵族家里开始出现高型的家具，案的高度也有了增加，但由于受封建等级制度的影响，高型家具并没有大量使用。到了宋代，高型家具开始普遍被运用到大众的生活中，人们的起居方式也从席地而坐变成了垂足而坐，案的形式也不断发生着变化，变得更高一些，而且面积也加大了很多，结构也变得更加的稳定牢固。在这一时期也开始形成了以案为中心的室内陈设摆放。明清时期的案在设计上更是达到了顶峰。

翘头案是条案中的一种形式，没有束腰，宋代的翘头案的两端通常和案面的抹头连接，加以简单的装饰，除了好看以外，还具备实用功能。翘头案最主要的功能

图2-10 《六尊者像》中的翘头案

是用来供奉，祭祀。南宋的《六尊者像》(见图2-10)中也绘有一个翘头案，样式比较精美。

平头案是条案中的另外一种形式，没有束腰，案面有宽有窄，并且案面是平直的，没有任何装饰。平头案的形体一般不大，造型虽然与桌子有些相似，但还是有些区别的，区别在于平头案的腿足在案的两侧向里收一些的位置上面。“案的腿足可以设置成直接落在地面的，也可不直接接触地面，而接触在托泥上面。”宋代家具中的平头案样式也比较丰富，在榫卯结构及局部的处理上就有很多的形式。

架几案是案类家具的一种，外形较为狭长，它是案和几的组合，两端是用两只几把整个案面撑起来，“特点是两端用于撑起案面的几与案面不是一体的，而是分开的家具。”架几案最初源于唐朝，在工艺上面秉承了唐代雍容华贵的风格。五代时期的架几案在造型上比较推崇简洁，外观朴实大方，这种朴素之美为送式家具风格的形成起到很大的作用。宋代的架几案在结构上所使用的是框架式结构，构件之间采用较多的割角榫和闭口不贯通榫等一些榫结构，架几案的腿形断面呈方形或者圆形较多。

在南宋的画作《五学士图》（见图2-11）中，有一个榫卯结构的案，体型细长，案的周围放置有交椅，案的高度与交椅的高度都属于高型家具一类，由此也可以证实当时高型家具已经广泛的运用于人们的生活中了。在《岩山寺壁画》中也有一个长方形的案，案的左边有一部分被侍女遮挡住了，从案的整体推测出，此案是呈对称式，案的正侧面有其稳定作用的横枨，牙条很长，并且有很粗大的夹头榫卯结构。

2.4 “宋风”几

几在宋代时期已经形成了自己特色的风格，成了室内陈设中不可或缺的家具之一，有高几、曲足几、矮几、弯腿矮几等几种形态。在宋代的绘画中，几的出现比较多，几上大多放置的是花瓶或者香炉之类较小的装饰品。例如在赵佶的《听琴图》（见图2-12）中有一个方形的高几。几上面放置一个装饰花瓶。几的造型十分简洁大方。南宋《盥手观花图》（见图2-13）中有两个几，上面放置竹编花篮，里面插有鲜花。另外，在《五山十刹图》中也有放置香炉的香几和放在佛殿前面的香几，放在佛殿前面的香几也被称为供案。因为在宋代盛行佛教，所以有很多焚香者，因此，供案也比较多，《马未都说收藏》这本书中可以看到对于供案的描述，“供案一般都是翘头案，案腿的造型很夸张，这样可以表示对神灵的敬畏。”几一般都陈设于桌案类与床榻类家具的周围，如在宋代画作《女孝经图》中就有一对翘头供案，案下有束腰。

图2-11 《五学士图》中的案

图2-12 赵佶的《听琴图》中的几

图2-13 南宋《盥手观花图》中的几

综合以上所分析的几类家具，首先是在整体室内家具的高度上有层次的变化，其次是在与其他家具组合搭配形成新的家具陈设方式。

苏州沧浪亭：翠玲珑1

苏州沧浪亭：翠玲珑2

2.5 小结

桌案几类家具作为家具中比较重要的器物，和椅凳类家具一样，也经历了一个从低到高的过程，宋代榫卯结构的成熟对桌案类家具的发展起到很大的助推作用。桌案类家具的种类有很多，案类家具与卓类家具相比要显得文雅一些，桌案的用途都和宋代的文人有着较大的关系，这与以物品摆放为主的桌案类家具有一些区别。几类家具在“宋风”家具中主要属于配属类家具，通常用于桌案的配属，有时也会用来承放一些装饰品。总之，“宋风”家具中的桌案几类家具的装饰较少，外观简洁大方，具有极大的使用价值。

第3章：

柜、箱、橱和架格类“宋风”家具

cabinet, case, cupboard and shelf

3.1 发展背景

柜大约最早出现在夏商时期，在《国语》中记载“夏之衰也，褒人之神化为二龙，夏后布币而策告之，卜藏其，吉，龙亡，而在椟。”这里的“椟”就是最早柜的称呼。到了周朝便开始有了柜的称呼。柜在古代的样式和现代有很大的区别，形制与我们现代所说的箱子比较接近。体型小一些的柜在古代还被称呼为“匣”。史书中有很多关于柜的记载，如《汉书·高帝纪》中记载“金匮石室。”《后汉书·祭祀上》：“四月己卯，大赦天下，以建武三十二年为建武中元元年，……以吉日刻玉牒书，函藏金匮，玺印封之。乙酉，使太尉行事。以特告至高庙。太尉奉匮以告高庙，藏于庙室西壁石室高主室之下。”由此可见，柜在古时的应用之多。目前出土的最早的柜子是湖北随州曾侯乙墓的漆木衣柜。衣柜共有五件，每个柜子上面都蛇、人和太阳等彩色的图案，在柜的盖子上面还可有“紫锦之衣”几个字。唐代出现了一些体型较大的柜子，里面可以容纳很多物品，书柜也在这一时期开始出现，在《杜阳杂编》中就有对书柜的记载“唐武宗会昌初，渤海贡“玛瑙柜，方三尺深，色如茜，所制工巧无比。用贮神仙之书置之帐侧。”五代时期的柜子与汉代的柜子形式比较接近，在西安出土的王家坟墓中有一个三彩柜，此柜的腿足比较粗壮，柜子较高并且呈方形。

箱最早出现在汉代，在长沙马王堆汉墓中出土了几件用竹篾编制的“竹笥”，手工精美，上面有几何形式的花纹。汉代末期开始有了“箱子”的称呼，并且当时的箱子都是用来储存衣服和被子等用品。在《南齐书·高帝纪》载：“至是又上表禁民间华伪之物，……不得作鹿行锦及局脚柽柏床，牙箱笼杂物。”唐代的箱子出现的更多，种类较前代也有所增加，在《明皇杂录》中记载玉龙子，太宗于晋阳宫得之，文德皇后常置之衣箱中。”

“橱是在两晋时期出现的，橱的前面设有门，打开后可将书籍、衣被等物品存放进去。”橱的原型是汉代的几，几后来随着形势的变化与高度的增加，形成了一种架格，随后几的周围又加上了围板，前面还设置了可以打开的门，由此形成了橱的形式。橱最初大多是放置在桌案上的，后来桌案的高度开始增加，橱的高度也随之增加。但其功能仍然是用来存储和搁置物品，其形式分为书橱和柜橱两种。书橱用于存放书籍，书橱内有一层层的隔板，书放置于隔板之

苏州沧浪亭：闻妙香室

上。柜橱是把柜和橱结合起来的一种家具形式，高度比桌案要低一些，通常人们也称其橱柜。最早的柜橱形体很大，主要用于储存食具或者食物，到了魏晋以后，有些柜橱也用来放置书籍。而橱真正形式是出现在宋代之后，一直到明代才最终确立下来。明代还出现了一种类似抽屉样式的橱，这种抽屉橱就是橱面上设置几个抽屉，放些小物件用。

架格在中国的传统家具中占据着比较重要的地位，其样式主要有三种，“第一种是背面有隔板或者侧边有隔板并且具有装饰性，”第二种是横隔板的三面用栏杆装饰，最后一种则是横隔板的边没有任何的装饰。架格和橱柜比较接近，但是在形式上面又比架格要简洁一些，架只是属于架格中的一种，从字面意思来理解，架就是可以用来放置东西，或者支撑物品的家具。架格是在宋代时期出现的一种新型的家具，它也属于橱柜类的一种，是由橱柜类改造而来。

图3-1 《蚕织图》

3.2 “宋风”柜

宋代，柜的体型较前代相比更大了一些，由于宋代人们起居方式发生了改变，柜的形制也有很大的改变，在宋代画作《五学士图》中有一个书柜，柜的门是对开的，形状呈方形，柜子里面用一些隔板隔开，用于摆放不同的物品，柜子的做工比较精细，整体比例也比较适当。宋代的另一幅画作《蚕织图》（见图3-1）中也有对柜子的描绘，柜门也是两开的，体积不大，柜子的内部分成四个隔间用于放置不同的工具，此柜放置在桌案之上。除了这两种形制的柜子，宋代还出现了一种坐柜。宋代的柜子都是用来储存物品，所以其实用性大于其他功能。宋代的柜子完全是根据其实用性来设计的，到了后期，柜子已经不仅仅用来储存物品，还可以用来摆放一些具有装饰性的物品，供人们观赏，所以一些柜子的形制也开始发生一些转变，一些用于摆设装饰物品的柜子开始转变为架格的形制，柜子的上面没有封闭，呈前后通透状，里面用隔板将内部分隔成各种形状不一的空间，可以用来摆放一些花瓶，古董等器物。

图3-2　宁夏泾源宋墓砖雕中的挑箱

图3-3　河北的壁画《童嬉图》

3.3 “宋风”箱

宋代的箱子（见图3-2）很多都是呈盝顶形，这种形式的箱子为长方形或者方形，箱盖由顶部向四周下斜，在河北宣化辽墓壁画中有20件箱子，其中有些箱子为了达到美观又坚固的效果，在棱角处还以铜叶或铁叶包镶。在考古中发现的宋代箱子的实物有江苏苏州虎丘云岩寺塔出土的北宋初期楠木箱，福州市茶园山南宋墓出土的剔犀菱花形箱子等，此外，在南宋的画作《西园雅集图》中，有两个人抬着箱子，箱子的材质为竹子编制，从侧面来看，箱子共有三层，箱子的底部有很短的足。在河北的壁画《童戏图》（见图3-3）中也有一个箱子，这个箱子是专门用于盛放食物的箱子，共有六层，箱子的四角都用了铜片作为装饰，和苏州的虎丘塔出土的箱子差不多。“此外，在南宋的墓室也出土了一个箱子，箱子的下面设有抽屉，抽屉中放有铜镜支架。”

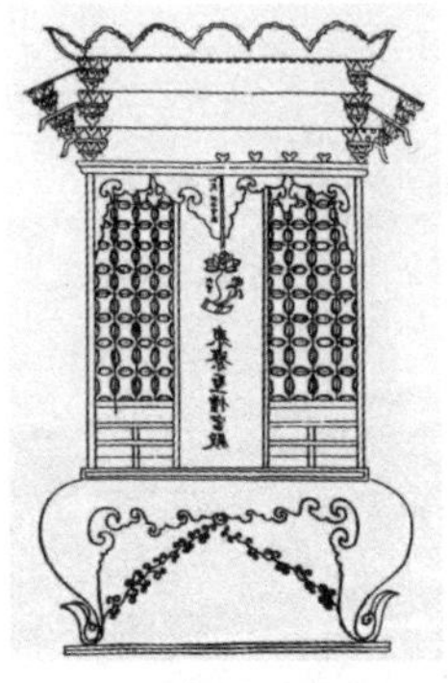

图3-4　南宋的《五山十刹图》中的橱

3.4　“宋风”橱

橱的真正形式是出现在宋代之后，一直到明代才最终确立下来。宋代的文献对于橱的记载也比较多，宋代学者周密所写的《癸辛杂识》中记载“李仁甫为长编，作木橱十枚，每橱作抽替匣二十枚，每替以甲子志之。”宋代橱的形象在宋代画作《唐五学士图》(见图2-11)和南宋的《五山十刹图》中都有出现，在《五山十刹图》(见图3-4)中有绘有众寮圣僧橱和径山僧堂圣僧橱，这两个橱的体量比较大，上面附有华美的装饰。在南宋的《蚕织图》(见图3-1)中绘有一名女性正将一些丝织物放入橱中，这个橱采用的是框架式结构，上下两层，体量较大，在橱的底部和足部之间有角牙，后来到了明清时代的橱有很多也都沿用了这种样式。“明代还出现了一种类似抽屉样式的橱，这种抽屉橱就是橱面上设置几个抽屉，放些小物件用。”宋代的橱在宋代画作《可乐居藏品》中有一个橱，橱上雕刻着精美的花纹，在当时应该算是一件上等橱类家具。

3.5 “宋风”架格

宋代架格的形式比较简单，实用大于装饰。宋代的文人非常多，书籍的数量自然变得很大，如此多的书籍要如何存放，于是宋人在不断地研究中发明了一种专门用来存放文书档案的架格库。发展到明清时期，架格的样式开始变得越来越多，如清代流行的多宝格等。

架是架格中的一种，与架格的功能相同，都是用来承载器物的。架格是利用平面来承载器物，但是架子则是立体支撑。架子的种类很多，有灯架和盆架等，灯架通常也被称为灯杆，是专门用来摆放蜡烛或者油灯的。宋代的架类家具在宋代的绘画作品中比较常见，如在河南白沙一号宋代的墓室中就有一处壁画中描绘了盆架，此架有三条比较短小的腿，架子上面搁置一个脸盆。盆架的后面还有一个巾架，上面放了一块毛巾，由此可见，在宋代，脸盆和毛巾是放在不同的架子上的。“宋代的灯架不是很常见，灯架通常由一根木制的立杆上面承托一个托盘，托盘上面用来放置蜡烛或者油。”到了明清时期，架的种类更加丰富起来，像衣架、花盆架、兵器架等都是这两个时期发展起来的。

苏州沧浪亭：清香馆

月中有客曾分桂

苏州沧浪亭：宝瓶门

3.6 小结

柜、箱、橱、架格类家具的出现，满足了人们对日常生活中存储物品的需求，其中柜、橱、箱主要侧重于储存物品的需要，而架格则是用来吊挂和搁置物品的家具，并且有丰富室内家具陈设的作用。由于受宋代文人思想的影响，宋代橱柜类家具的实用性很大，装饰较少。直到今天，橱柜类家具仍然是居家必备的存储类家具，只是在形制上种类样式更加多样化。

第4章：

椅、墩、凳类“宋风”家具

chair, bench and stool

苏州狮子林：燕誉堂

苏州狮子林：假山湖池

宋代是我国改变坐姿习俗的转折期，早在汉代时就已经出现了垂足而坐，但在当时这种方式并未盛行，经历了魏晋南北朝和唐代的发展，到了宋代，垂足而坐基本取代了席地而坐。据现存遗物来看，席地而坐的习俗到了南宋就已经基本绝迹了。这种坐姿习惯的改变也催化了坐具的改变，因为宋代坐具的现存遗物很少，所以对于宋代坐具的认识只能依靠绘画作品和文献资料。宋代的坐具大致分为三类：椅、凳、墩。其中椅类包括了扶手椅、靠背椅、交椅、圈椅等类型。墩类坐具基本是由席或者垫演变而来的，当席地而坐转变为垂足而坐以后，席子的高度开始增加，墩也就出现了，不同的墩是以带托泥和不带托泥这两种来区分。凳是一种没有靠背的坐具，凳出现的时间非常早。凳的材料多为木质，在后来的发展中也有使用陶制的，按照类型来分，凳有长凳、方凳和圆形凳等几种。

4.1 “宋风”椅

4.1.1 扶手椅

图4-1 《十八学士图》中的扶手椅

图4-2 《宋太祖坐像》

扶手椅是宋代较为常见的一种椅，有扶手也有靠背，扶手椅的分类比较多，官帽椅就是其中的一种类型，官帽椅的造型很像宋代官员头上戴的帽子，两头上翘，所以官帽椅的扶手和两边的搭脑都是出头的，搭脑指的是扶手椅中位于最上方的横梁，后来随着人们审美观的改变，有些官帽椅设计的扶手不出头，只是两边的搭脑出头，再到后来扶手和搭脑都设计的不出头了，这就是当时俗称的“南官帽椅”而“北官帽椅”则仍然是两边和扶手都出头的。在宋代画作《十八学士图》(见图4-1)中就有一把扶手椅，椅子的扶手和两边的搭脑都没有出头，由此可以判断这把椅子为“南官帽椅”。在《宋太祖坐像》(见图4-2)这幅画作中，宋太祖所坐的椅子从外形上分析看来，当属“北官帽椅”，因为椅子的扶手与两边的搭脑都是出头的，与普通的扶手椅唯一不同之处在于扶手前设有装饰龙头。

扶手椅的搭脑有曲直之分，宋代现存的直搭脑扶手椅比较少，从山西大同金代阎德源墓出土的木制扶手椅较为有代表性，此扶手椅的扶手和搭脑平直出头，而且搭脑的出头比一般扶手椅的搭脑长很多，“椅子的背面是一整块竖直的木板，椅腿的上部较细，下部较粗，椅腿之间都设有横枨，这样能使椅子更加稳固。”在宁夏贺兰县拜寺口双塔出土的西夏木扶手椅就是曲搭脑椅的典型代表。此椅的制作比较精致华丽，这与当时佛教在西夏的较高地位有着很大关系，这把扶手椅高约88厘米，由扶手、靠背和底座组成，在靠背上的搭脑为曲搭脑，搭脑出头的部位绘有灵芝纹。在宋画中也有一些曲搭脑扶手的图，如佚名《白描罗汉册》（见图4-3），南宋陆信忠《地藏十王图》（见图4-4）等。有一些扶手椅的曲搭脑前端会设计龙头的造型，以显示拥有者的权利和地位，如《宋太祖像》和《宋真宗后像》中的扶手椅都有这种特点。

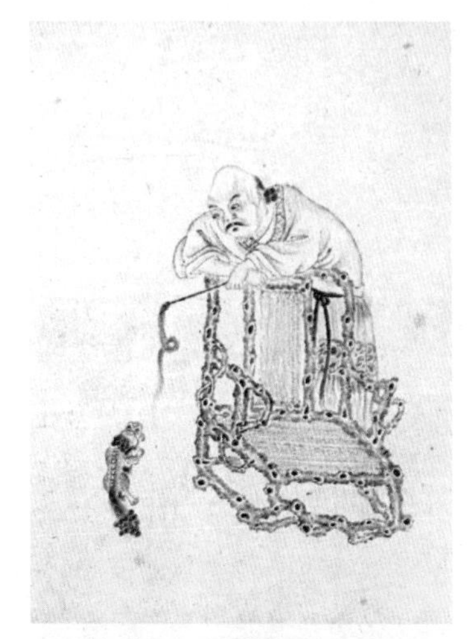

图4-3　佚名《白描罗汉册》

图4-4　南宋陆信忠《地藏十王图》

一些体量较大且装饰华美的扶手椅专门用来供地位较高的人使用，这类扶手椅通常也被称为宝座。如贵州遵义永安乡南宋杨粲墓石雕宝座和山西太原北宋晋祠圣母殿中的扶手椅。此外，在南宋陆信忠的《地藏十王图》《宋真宗后像》和《宋太祖像》等画作中的扶手椅也都属于宝座。这些宝座在装饰上面非常的讲究，宝座全身都要髹红漆，一些结构的边角处要镶嵌鎏金，上面会使用一些云纹或者草叶纹。

“太师椅”属于扶手椅中比较特殊的一种椅子，起源于宋代，也是唯一一个用官职来命名的椅子。最初只出现在一些达官贵人家中，是地位与权力的象征。太师椅最初与交椅的形式非常接近，只是其在搭脑的中间增加了一个托首，这个托首主要是让使用者可以仰头休息，整张椅子的上半部分是一个圈椅的样式。“太师”是指官名，它是一种高贵的象征，宋人张端义的《贵耳集》中写道：“今之校椅，古之胡床也，自来只有栲栳样，宰执侍从皆用之。因秦师垣在国忌所，偃仰片时坠巾。京尹吴渊奉承对相，出意撰制荷叶托首四十柄，载赴国忌所，遣匠者顷刻添上，凡宰执侍从皆有之，遂号太师样。今诸郡守倅必坐银校椅，此藩镇所用之物，今改为太师样，非古制也。”因此，在宋代能够被叫作太师椅的，一定是家具中最顶尖的，而坐太师椅的人也一定是非常受人尊敬的。“太师椅在后来的发展中形制有所变化，但是仍没有完全摆脱圈椅和交椅的影子。”

玫瑰椅是扶手椅中的另外一种形制，对于玫瑰椅名字的由来，史料中没有具体的记载，也有一种说法，将玫瑰椅称作“小姐椅”，就是说它是古代小姐专门放在自己房间中的椅子，玫瑰椅最初的椅背和扶手都是平齐的，并且椅背比较低，其扶手、椅面和靠背之间都相互垂直，所以古代的小姐坐在这种椅子上必须要坐姿端正，挺直腰背，而且只能座椅面的三分之一，这样才能体现出大家闺秀之气，在宋代的《十八学士图》中也比较清晰地绘绘制了这种形制的椅子，其特点就是扶手和靠背平齐，高度只及人的腰部，人坐在上面可以很轻松地将手臂放在扶手上面。玫瑰椅直到明清时期才在造型上面有所改变。玫瑰椅的背板比较低矮，设计者并不是将它用来做倚靠使用，而是用来作为装饰，所以用来倚靠时会有很不舒服的感觉。玫瑰椅在选材上面多选用尺寸较小的直材，形态也比较方正精巧，便于使用。

苏州狮子林：假山湖池

4.1.2 靠背椅

靠背椅的最大特征是没有扶手，整体造型十分简单，比例适当，在宋代椅中算是一个比较典型的代表。靠背椅有很多不同的类型，其中一种被称为“一统碑”，这种椅子的搭脑不出头，两端形状比较圆润。另一种搭脑的两端出头，因造型与南方的油灯灯挂有些像，也被称为“灯挂椅”。“禅椅”从外观上看与灯挂椅比较接近，但其坐面要大很多，人如果按正常的方式坐在上面是靠不到椅背的，所以人们经常会盘腿坐在上面，这种类型的椅子经常在寺院庙宇中出现，在《五山十刹图》中的灵隐寺有一把禅椅，推断也是僧人用来打坐的。靠背椅的现存实物有河北省钜鹿县北宋遗址出土的木制靠背椅。这把靠背椅的做工较为简单，椅子的搭脑略微呈弯弓形。靠背椅也有直搭脑和曲搭脑之分，直搭脑靠背椅又包含纵向和横向两种靠背，直搭脑纵向靠背椅要比横向的多，其中浙江宁波南宋的石靠背椅就是一个典型代表，石靠背椅最初是南宋史诏墓道前的随葬品，后来在浙江省宁波北发掘，这把石制的椅子是根据现实中椅子的大小来制作的，也属于宋代的灯挂椅中的一种，石椅的椅背中间是石芯，四条椅腿侧边有侧角。曲搭脑靠背椅在搭脑的弯曲造型上面有比较大的变化，有些高官贵族所坐的曲搭脑靠背椅的末端设有龙头的造型，例如宋佚名《女孝经图》中的靠背椅中就有这种龙头的造型。

苏州狮子林：老树、假山与秋色

4.1.3 交椅

交椅，顾名思义就是椅子的两条腿相交，可以折叠，所以非常便于携带。交椅最初起源于五代，在宋代被人们广泛与用于生活中，这与其易携带性有着必然的联系，不论是达官贵族还是平民百姓，都有使用。在北宋后期，宋徽宗出行时，随从会扛着交椅尾随其后，便于宋徽宗在路途中可以随时坐下休息。交椅最初是由小的马扎演变而来的，小马扎直到今天都还可以在很多家庭中看到。“马扎在古代是从游牧民族传入的，和小板凳相似，不能倚靠，只能坐。马扎的高度很低，因为游牧民族的人们常年要换很多地方 ，所以小巧的马扎非常便于携带。”后来到宋代，高型家具的兴起，马扎的高度也开始增加，而且人们还给它加上了椅背，这样一来，椅子的形制和功能就变得更加明显了，从而脱离了马扎的形式。交椅的形式在南宋时期变得更加成熟，人们开始将其称为“太师椅”。在宋代画作《春游晚归图》中，有一个人背上就背了一把交椅，此椅的搭脑出头，搭脑的中间有与荷叶形状相似的托首，末端后弯形成了扶手。此外，在《清明上河图》中也有交椅，在一个门店边，一个人坐在一把交椅上，身体趴在桌上书写。交椅在后来的发展中形式有所改变，人们将脱手上面的纹饰进行了简化，整把椅子的结构方面也都处理的比之前更为合理，审美性也增强很多。

苏州狮子林：民国彩色玻璃长窗

4.1.4　圈椅

圈椅最早起源于唐代的汉族传统家具，圈椅最大的特征就是其靠背类似一个圆圈，与扶手相连，圈椅的圈背中间最高，从中间往两端越来越低，人们坐在上面时，整个胳膊都可以倚靠在圈背上面，会有非常舒适的感觉，所以圈椅一直都深受人们的喜爱。圈椅的造型是上面呈圆形，下面是方形，这和中国传统文化中所崇尚的外圆内方的品德相关。圈椅通常也称圆椅。

图4-5 《折槛图》

圈椅在宋代的运用较少，现存实物也基本没有，大多都是在宋代的宫廷画作中出现，在《折槛图》(见图4-5)这幅画作中的圈椅，做工非常考究，造型上显得有些夸张，椅上有很多装饰。《宫中图》(见图4-6)这幅画作中也有对圈椅的描绘，椅子的造型也是比较夸张，搭脑向外伸出并且弯曲呈扶手。在《会唱九老图》画作中的圈椅是很大的代表性，同时也反映了当时平民百姓生活中所用的圈椅，图中的圈椅造型简洁大方，做工也是非常精致，实用性很强，搭脑和扶手的衔接非常自然，装饰简单朴素。这也为后来的明式圈椅的发展奠定了基础。

见图4-6 《宫中图》

图4-7　南宋马和之的《女孝经图》中的圆墩

4.2 “宋风”墩

原意是指土堆，它是一种伴随着高型家具发展而流行起来的一个坐具。在唐代比较流行，到了宋代，墩有了更大的发展，很多文人雅士的生活起居中也经常用到。直到今天，仍然有很多家庭在使用墩。墩在形式上与凳有点相似，但比凳要复杂一些，风格也要优雅一些。墩的形状呈堆形，造型厚重而且比较严实，整体给人感觉比较饱满浑厚。在宋代，墩的使用很广泛，室内室外都可以使用，随处都可以移动，也被称为“随遇而安”的坐具。墩有圆墩、绣墩和古墩等多种形式。圆墩指的是墩的面是圆形的，圆墩的运用比其他类型的墩运用范围要广，南宋马和之的《女孝经图》（见图4-7）里面就有圆墩，南宋苏汉臣《秋庭婴戏图》（见图4-8）中也都有圆墩。绣墩主要是因为坐面上放有丝绸绣套而得名，绣墩在宋代运用较为广泛，在宋代画作中也有很多描绘。《十八学士图》和《女孝经图》（见图4-9）中都有对绣墩的描绘。方墩就是墩面呈方形，现存实物基本上没有，只能通过《梧阴清暇图》这幅画作中看见其具体形象。综上所述，墩因其方便和随意性有很大的运用空间，在历代都得到较好的发展。

图4-8　南宋苏汉臣《秋庭婴戏图》中的圆墩

图4-9 《女孝经图》中的绣墩

4.3 “宋风”凳

凳的材料多为木质，在后来的发展中也有使用陶制的，按照类型来分，凳有长凳、方凳和圆形凳等几种。凳因其方便性，在宋代有较广的运用，在很多宋代的画作中，凳都出现在普通的百姓生活中，最有代表性的画作就是《清明上河图》（见图4-10），里面描绘了很多大小长短不一的凳，其中很多都是用来和桌案搭配使用的生活场景，长凳样式出现的比较多，在南宋的画作《盘车图》中也有一条长凳，凳腿间设有横枨，这样可以增加稳定性。凳除了在平民百姓生活中较为常见，在宋代的达官贵族中的应用也较为普遍，与平民百姓的凳有些不一样的是，达官贵族家中的凳做工都比较精细，装饰也比较多。南宋的《孝经图》中有两个刻画比较精细的方凳，凳腿和凳面没有牙条和牙子，结构和造型十分简单大方，足端内翻与马蹄形状相似。宋代的小板凳是一种非常小巧，方便且实用的凳，直到今天我们仍在沿用。宋代的凳子在结构上较多地使用框架结构，还有一些使用的是传统的箱形结构，除此之外，还有一种折叠的结构，也就是在汉末时期传入中国的胡床。

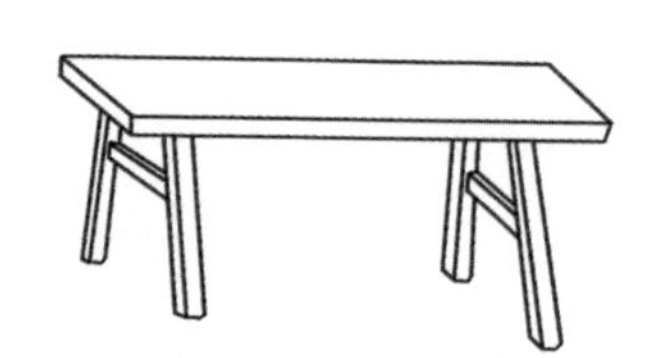
图4-10 《清明上河图》中的凳

苏州狮子林：入口门廊；此处的长凳基本上延续了“宋风”凳的造型

苏州狮子林：碑廊

苏州狮子林：海棠纹漏窗

4.4 小结

宋代，我国基本上完成了由席地而坐向垂足而坐的转变，这种起居方式的改变给我国的家具的发展与改变带来了很大的机会，椅凳类家具也在这一时期得到了大量的运用和广泛的普及，这也使得高型家具开始普及并且逐渐取代矮形家具，椅凳类家具的广泛应用成为起居方式的一个重要转折点。

第5章：

床、榻、屏风和凭几类“宋风”家具

bed, couch, screen and sidedesk

苏州狮子林：从真趣亭看湖心亭

5.1 床、榻、屏风、凭几的起源

从古至今，床一直就是人们家居生活中不可缺少的一类家具。作为中国传统家具的重要组成部分，床最初的设计非常的简洁，后来随着人们的物质生活的丰富，审美观念的不断提升，床的造型与结构也在发生着改变。我国古代

的先民为了躲避潮湿与风寒，用树叶、树皮或者野兽的毛皮作为坐卧的工具，这便形成了最早的家具：席子。在商周时期的甲骨文中就有“床”的象形文字，由此可推断，床很早就已存在。我们现在所说的真正意义上的床出现在春秋战国时期，在河南的信阳长台关所就有出土绘制彩漆的木床。随着起居方式的改变，床、榻类家具也发生了很大的改变，汉代时期床的种类比较多，有火炉床、梳洗床以及居床等，达官贵族对床的形制等方面要求很高，床和床帐也称为了室内装饰的重点。

汉代的刘熙在《释名.床篇》中阐述："人所坐卧曰床""长狭而卑者曰榻"，由此可以看出，床榻虽然都是卧具，但确是相近又不相同的家具。也可以如此认为，床是人的私人卧具，一般不会供客人使用，而榻则专门用来休息或者待客。

在高型家具普及之前，人们的日常生活还没有相对应的细分家具，那时，床便是主要的室内家具，一切陈设活动也基本都是围绕着床来进行的。《商君书》中说："人君处匡床之上，而天下治。"这一时期的床有两种含义，一种是坐具，另一种是卧具。"人君处匡床之上"说的是坐具。除了坐卧具被称为床，很多其他的工具也被称为床，如梳妆台被称为梳洗床，放火炉的架子被称为火炉床，由此可看出，在古代，床的形式并不单一。"对于床的理解，不仅在家具上得以体现，在古代的诗词中也有很多对于床的记载。如唐代诗人李白的《静夜思》中就有"床前明月光，疑是地上霜。"这句话中的床其实指的就是坐具而非卧具。"

榻的古意是近地，榻中的木字旁代表的意思是说榻是由木头制成的，早期的榻都是比较低矮的，这主要受坐姿的局限。榻出现于汉代，但在当时并没有被广泛使用，因为在当时，只有等级地位较高的人才可以使用。榻的特点在于没有栏杆和围子，一个平面下面有四个足，榻一般都比较狭长，只容得下一个人睡卧，除了用于睡卧，还被用来休息。在汉代之后，榻的应用逐渐广泛起来，仅仅从材质上就有木榻、凉榻、竹榻等多种材质，而在形制上特有传统的折叠榻和交角榻等分类。榻在制作上面有雅俗之分，高雅的榻用料好，做工细，造型也很独特，通常都为达官贵人所用，普通的榻用材选材相对较差一些，并且实用性大于装饰性。

“罗汉床”通常也称为“罗汉榻”，它实际上是介于床的形式和榻的形式之间。它的特征在于榻体上面安装有矮围子，在明式家具中对三面围子有较为详细的分类，其中“三屏风式”是最为常见的，“三屏风式”就是左、右及后面都有一片围屏。放置于卧室中的罗汉床与传统形式的围屏板床差别不是很大，它的三面围栏高度是一致的，主要用于休息，在造型特点上更加具有床的功能。“而放置于客厅或者书房中的罗汉床则属于榻类，所以也可以叫做罗汉榻，”罗汉榻的装饰通常较多，比起罗汉床来要显得雅致一些，罗汉榻上面通常会摆放一些形制较小的案几或者炕桌之类，便于会客或者办公。

屏风是中国人居住环境设计中的一种非常活跃的元素，有着非常悠久的历史，并且在中国传统建筑空间中扮演着非常重要的角色。屏风的形式多姿，功能多样，除了能够用来挡风或遮蔽，还能起到装饰居室与分隔空间的作用。在古代，屏风通常处于室内最核心的位置。屏风名字的由来最早出现在《史记・孟尝君传》中，“孟尝君待客坐语，而屏后常有待史，主记君所与客语。”由此可知，屏风早在春秋时期便已经出现。后期，屏风的种类开始逐渐扩大，用途也在发展，汉代时期，达官贵族家中几乎都有屏风，并且在这一时期屏风的形式也开始增加，由以前的独扇屏风发展到多扇屏风组合的曲屏。到了宋代，屏风和其他家具一样在继承前代的基础之上也增加了一些创作手法，这让屏风的发展又向前迈进了一大步。

凭几是古代较为典型的一种凭具，是供人们在坐卧时用来倚靠的家具，凭几中的凭是倚靠的意思，所以凭几也被称为倚几。凭几有两种形状，直形凭几和弧形凭几，人们通常也会将直形凭几称为“隐几”。直形凭几的上面有一块直形的横木，两端各有一条直腿，而弧形凭几的横木和两条腿都是曲形的。凭几在春秋战国时期就已广泛使用，在长沙战国墓中出土的一件彩绘凭几就是较早的实物凭证。直形凭几是凭几的基本形式，它从商周时期到唐代一直受到广泛的使用，在汉代的画像石中就有凭几的出现，后来随着家具水平的不断提升，人们创造出了比直形凭几更为舒适的弧形凭几，它的造型是在三条腿上放置一个半圆的弧形曲木作为凭倚，这种形式非常符合人体结构，倚靠时有较为舒适的感觉。随着社会的不断进步与发展，凭几样式的家具逐渐淡出历史舞台，但它对后世家具的设计产生着很大的影响。

5.2 “宋风”家具中的床与榻

“床主要适用于睡觉时使用，所以与榻相比，床更具有私密性。也正因为如此，古代的画作或者文献对于床的记载就不如榻那样多。”南宋的《夷坚甲志》中记载：“张公为桂林守，尝令曝书与檐间，简取三足木床登之。”“宋代人对于床的局部都有特定的称谓，如床敷（床铺）、床锐（床棱）、床垠（床边）对于床敷，南宋诗人陆游有曰：'如何得一室，床敷暖如春'。"

罗汉床是较为常见的一种床的形制，在《韩熙载夜宴图》(按：在邵晓峰的著作《中国宋代家具》中将此图定位为南宋画作）中的罗汉床就属于这种，其左右两面及后面都有一块面。另一种是“五屏风式”，其左右两面各有一块面，但是后面有三块面组成，在宋代画作《维摩图》（见图5-1）中就描述了一个“五屏风式”罗汉床，其装饰与结构非常的精美，该床三面围子是攒框装板做，在边框转角处用委角，边框和子框用大格肩榫相交，罗汉床的整体显得比较古朴端庄。还有一种“七屏风式”，即左右各两片，后面三片。这种形制一直到清代中期后才开始逐渐流行。竹床和腾床在宋代出现较多，南宋诗人杨万里就有写竹床的诗句：“竹床瓦枕虚堂上。”北宋的沈括在其《忘怀录》中记载了一种用藤制作的床：“木制藤绷，或竹为之。”此外，土床在当时的北方也比较流行，土床指的就是土炕，直到今天仍可以在北方的一些农村家庭中见到。

榻在宋代的功能比较多，人们可以在上面躺卧休息，也可以在上面活动，此外，榻上还可以用来放置一些物品。宋代榻的出现要比床多，在形制和造型上也比床要丰富很多。在结构上，“宋风”榻有框架和箱形两种结构，榻的体型较小，所以比较便于布置，在南宋的《槐荫消夏图》（见图5-2）中，有一个人侧卧在一张榻上纳凉，在榻的旁边有一个案，案上摆放着笔架与香炉等物品，榻的后面设有一面屏风。这幅画中的榻摆放在庭院中，整个画面显示的是一种舒适闲逸的文人生活。画面中的榻是有壶门带托尼式，托尼的下面有8只脚，形状为如意云头状，榻面可以看出是四框中镶板，此画中的榻与最初的榻相比较，高度和宽度上都有所增加。南宋的《荷亭对弈图》中描绘的是南宋贵族的舒适生活，在这幅作品中，榻的整体造型非常的简洁大方，榻的腿部与底部的横枨相连接的地方用角牙装饰。除了以上两种榻的形制，宋代的画作中还出现了另外一种体型较大的榻，这种形制的榻在宋代经常被用来招待客人。在南宋的《女孝经图》中的榻就是属于此类，榻的形式是壶门带托泥式。另外在《补纳图》这幅作品中，有两个人盘着腿坐在榻上，像是在商议着什么重大的事情。

图5-1 《维摩图》中的榻

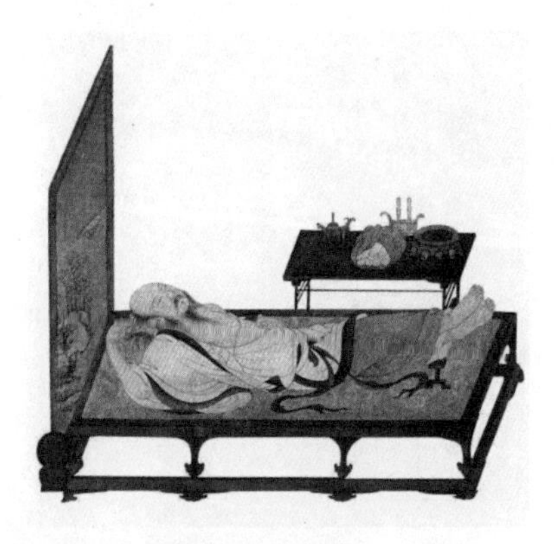

图5-2 《槐荫消夏图》中的榻

苏州狮子林：月洞门

苏州狮子林：长廊

5.3 “宋风”家具中的屏风

宋代的屏风在造型与结构上面受当时的建筑影响较大，主要为梁柱式框架结构，类型主要以底座低矮的宽大独屏居多，屏风的形式有多扇曲屏、多扇立屏和立板屏等。在宋代画作《孝经图》中就有由几扇屏拼合在一起的多扇立屏。还有一种小型的枕屏在宋代也是比较流行的，枕屏通常被用来放置在榻上，内部嵌有石料，并且用天然的纹理来加强审美的效果。在《荷亭儿戏图》（见图5-3）这幅画作中就绘有枕屏。在宋代，屏风和床榻的搭配也是一种非常常见的组合，这种搭配的运用也对室内的陈设和空间的分隔有着很明显的作用。在宋代较为常见的是床顶设一屏风，床的周围摆放有桌案，有些床前会摆放一些几案类的家具，用来摆放物品。若是家中有客人，主人便会在床榻的旁边放置椅凳，床榻上面放置食具。

在南宋的《捣衣图》（见图5-4）画作中有一个榻，榻的后方摆放一个绘有山水画的屏风。这幅画作虽然没有完整地将整体环境展现出来，但是我们可以根据画作中的人物位置可以推测出榻和屏风是整个空间中的视觉中心。宋代的另一幅画作《补纳图》中，两位老者坐在一个榻上，榻的后面也置有一个屏风，屏风上面绘有山水画，这与榻上的装饰极为和谐。

图5-3 《荷亭儿戏图》中的枕屏

图5-4 南宋的《捣衣图》中的屏风

5.4 “宋风”家具中的凭几

宋代的画作中也有很多对于凭几的描绘，如在《白莲社图》(见图5-5)中有一个凭几，有三条呈弯曲状的腿，可以放在背后倚靠，也可以放在身侧或者身前，供人倚靠。在《维摩演教图》(见图5-6)中描绘的凭几，倚靠背是曲线造型，由于没有绘制完整，所以无法推测其整体造型。在《荷亭对弈图》(见图5-7)中凭几的形式与《白莲社图》中的凭几略有差别，造型略微有些弯曲，高度也低一些，放置身边或者休息时拿来枕靠。凭几发展到后期出现另一种养和的形式，它也是一件靠背式的家具，在宋代的很多画作中都有这种形制，如南宋陆信忠的《十六罗汉图》、南宋《孝经图》及《听阮图》中都有对养和的描绘，也可以从这些图中明显看出养和带有椅子部分的成分。

图5-5 《白莲社图》中的凭几

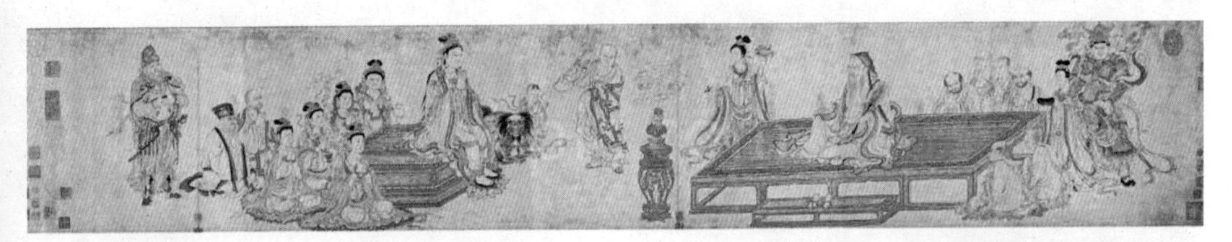

图5-6 《维摩演教图》

图5-7 《荷亭对弈图》

苏州狮子林：立雪堂

苏州狮子林：御碑亭

5.5 小结

在宋代家具中，床榻、屏风和凭几的陈设布局及室内家具的空间摆放，对人们的起居生活方式有着非常大的影响，由此可见，宋代不仅仅是我国的高型家具发展的重要阶段，同时也是我国历史上起居生活方式的过渡期和定型期。

第6章：

"宋风"家具的造诣

attainments of Song-style furniture

苏州狮子林：宋式假山

6.1 “宋风”家具的结构

宋代家具的主要特征是造型典雅，结构精细合理。框架式结构在这一时期已经取代了壶门结构而成为主要的构件，并且在构件之间采用攒边与榫卯等一些做法，这样既可以增加结构的稳固性及控制木材的尺度，还可以起到装饰性效果。宋代的家具在工艺上非常严谨，并且在设计时充分考虑到人体在垂足坐下时的比例关系，还在椅背、桌案的横枨和侧枨等能够与人体接触到的部位都做了细致的处理。对于各种榫卯结构，都是根据不同位置不同情况来做出相对应的设置，因此，“宋风”家具在造型上显得优美，并且简洁大方，而其使用功能也是达到了最佳。

榫卯在“宋风”家具中的运用极其重要，榫卯指的是一种结构方式，在家具的各个部件之间起到连接的作用。榫卯在现代汉语中的意思是指在两个构件上用凸凹部分相连接的一种方式。它最初产生于建筑的构造上，后来逐渐运用于家具的设计制造中，对家具的发展起着不可或缺的作用。榫卯按其作用来分有三种，第一种是明榫，第二种是暗榫，还有一种是出头榫。明榫的处理手法非常细致，榫从卯中穿过与面上平行，榫头部分明

苏州狮子林：贝氏祠堂

显可见，非常便于使用，而且稳定性极强，但是美观程度较为一般。暗榫则出现在明榫之后，所以在外观上要比明榫大方美观一些，但是其稳定性要比明榫稍差。出头榫出现的时间比明榫和暗榫的时间要早，它的做工比较粗糙，用材量大，并且保留了大木梁架的建筑样式。在这三种分类中，明榫的用法是最为常见的，在南宋的《征人晓发图》（见图6-1）中的凳子和桌子的构件中就能够很明显地看出明榫的运用。在《清明上河图》中也有很多处都能够直观地看到明榫结构的家具。在山西高平开化寺的壁画中也有一个描绘四个榫卯眼的长条凳。从宋代的这些画作中可以看出，在当时，榫卯的运用已经非常普遍。宋代的人们在榫卯的基础之上还创造出一种夹头榫结构，夹头榫就是连接桌案的牙边、角牙和腿子的一组榫卯结构，这种榫卯结构的出现让桌椅类家具的稳定性增强。在南宋的《女孝经图》中的桌子就是运用了这种夹头榫，桌子的正面没有设横枨。这种夹头榫一直被沿用至今。

在“宋风”家具的结构制作中，攒框装板技术也是比较常见的一种技艺，主要用于桌面、凳面等家具的板面处理中。攒框装板是四面有框架结构，中间嵌入板心，板四周的边框相交之处用格角样卯合，板心用穿带固定在中间，这种方式让板材不易变形，而攒边打槽装板法是其中的一个巨大的飞跃，在宋代家具中得到广泛的使用。这种方式使宋代家具在结构上更加的合理，使用上也更加方便，并且在一定程度上促进了高型家具的发展，让“宋风”的家具制作发生了本质上的改变。榫卯与攒框装板技术的运用，使得“宋风”家具在整体上变得更加精致美观，并且具有较高的稳定性，也为后代的家具发展起到极大的作用。

图6-1　南宋的《征人晓发图》中的桌凳

图6-2 《宋仁宗皇后像》

6.2 “宋风”家具的装饰及造型

椅披是宋代比较流行的一种装饰物，它的出现让椅子的外观在审美上又上升了一个高度，同时也给使用者带来舒适感，这与现代家具中的沙发靠垫有些类似。在南宋的《宋仁宗皇后像》（见图6-2）中的椅子上面就有椅披，此外在《孝经图》中的椅子上也有绘制非常精美的椅披。与椅披相类似的装饰在宋代还有很多，像鼓凳、绣凳等，还有桌案上覆盖的织物，也被称为“桌围”也就是我们今天所用的桌布。但在当时，这些装饰手法是非常令人惊叹的。

髹漆是宋代家具中运用非常普遍的一种漆艺，宋代在继承前代漆艺的基础上经过不断地创新改造，使得髹漆的种类非常多，并且在技艺上也达到顶峰。在宋代画作《蕉荫击球图》中有一个造型结构极为精致的案，案的周边就用黑色的髹漆装饰，南宋的《秋庭婴戏图》（见图4-8）中的坐墩周围也饰有黑色髹漆，由此可见，在宋代，髹漆的使用已经非常广泛。

"宋风"非常的注重造型细节。与清式家具的繁复工艺不同的是，"宋风"家具以线条为主，线条的变化十分丰富，人们对线条在家具中的运用也是游刃有余，在桌椅的腿足、边抹等部位都有各式各样的线脚，这种对曲线直线在家具中的熟练运用成为"宋风"家具中非常了不起的创造。此外，壸门也是"宋风"家具中常用的一种结构，壸门造型起源于佛教中的须弥座形式，人们又将这种须弥座形式与建筑相结合，从而创造出壸门。壸门通常被人们用于一些大型家具中，如案、榻类家具。壸门指的是与家具的腿足结合的一种造型结构，它的位置在腿足的内侧，板面的中间被挖空，板面的四周就形成了框架结构，这样可以起到稳固的作用，并且在视觉上也显得较为美观。在《春宴图》和《女孝经图》中都有壸门的描绘。在桌椅的腿足下面有一种封闭式的框架结构，被称为托泥，一般为长方形，托泥的作用主要是增加高度及增强家具的稳固性，它还能够把家具支撑起来，这样家具的腿部就和地面隔开，能够有效地防止桌椅的腿足受潮。壸门的发展是有简单到复杂，在南宋的《捣衣图》中，榻上的壸门被描绘的非常细致，壸门框架的两边的曲线样式对称，与台面连接处的轮廓线向下方翻转，腿足呈云头状并向上翘起。

马蹄足和花腿足的样式在“宋风”家具中比较常见，马蹄足就是腿足像马蹄呈内翻状，而腿足的外侧是向内收并且逐渐向上弯曲。宋代的画作《绣栊晓镜图》（见图6-3）中就有一个长条形的案，案的腿脚处就呈马蹄足内翻。花腿足是家具的腿足雕刻有精美的花型。其表现手法非常复杂，花腿足家具主要出现在上流社会中，这也与其装饰的复杂性相关。南宋《折槛图》中就有一个造型非常复杂的花腿足样式，上面复杂的工艺也显示了皇室贵族的高贵身份。还有一种是非常富有装饰性的曲线结构，就是三弯腿，三弯腿的出现为纹饰的发展起到助推的作用。

图6-3 《绣栊晓镜图》

6.3 “宋风”家具中的材料

宋带家具的材料主要是以木材为主，而人们在制作家具时通常会选择就地取材，其中杨木、杉木、榆木、桐木等运用较多，还有一些较为高档的木质，如楠木和花梨木，这些通常会被一些达官贵族所用。而竹藤有时候也会被用来作为家具的材质。

杨木是我国北方的树种，它的特征是木质细腻，容易干燥并且耐腐朽度极高，是家具中的重要原材料。宋代人们常常用杨木来做箱盒、屏风或者架格。杉木主要分布在我国的南方，产量很大，有水杉、白杉、赤杉等品种，杉木与杨木一样，耐腐朽度极高。杉木有笔直的纹理和松软的木质，所以也经常运用于宋代家具中。在南宋的《六书故》中就有对杉木的记载“杉，所衔切。杉木直干似松叶芒心实似松蓬而细……多生江南。”由此可见，杉木在宋代也是南方人主要种植的木种之一。榆木也是生长在北方的一种树类，榆木的材质比较坚硬且有韧性，所以经常被用在家具的结构处，制成的家具不容易开裂或者变形。桐木的材质较轻，经过抛光打磨之后的桐木面显得非常平整光滑，很容易上漆，用来制作箱具，非常的轻便易拿。楠木是一种比较好的木材，所以用楠

苏州狮子林：修竹阁

木制成的家具一般都是出现在宋代的上层社会中。楠木生长地在南方，因为南方的气温偏高，且周期较长，所以楠木的纹理比较细腻，质地也非常的坚硬。

除了木材外，竹子也是“宋风”家具中比较常见的材质。竹子在中国种类很多，资源非常丰富，生长周期比较短，主要生长地在华南的沿海一带和长江流域。在宋高宗逃往台州临海时就坐过用竹子制成的椅子，在《十八学士图》中的玫瑰椅就是用竹子制成的，由于竹子的种类太多，所以无法辨别其为竹子的哪一种。此外，竹床也是比较受大众欢迎的，尤其是在夏天，躺在竹床上会让人感受到凉爽之意。竹床不仅在古代受欢迎，一直到今天，仍然出现在一些家庭中，我记得自己小时候家里就有一张竹床，夏天的时候将竹床用热毛巾擦拭一遍，躺在上面，那种凉爽的感觉至今都印记在脑海中。宋代也有文人对竹床做过记载，如南宋的杨万里就在其《竹床》中写道：“已制青奴一壁寒，更指绿玉两头安。”此外，竹子还被宋人用来做轿子和屏风，如宋代文人陈渊的《过崇仁暮宿山寺书事》中有写道：“驿路泥涂一尺深，竹舆高下历千岑。”“竹舆”指的就是用竹子制成的轿子。由此可见，宋代家具的材料种类繁多，而且实用功能较大，整体的风格也偏向简约。

苏州沧浪亭：从假山看闲吟亭

6.4 “宋风”家具中的文化气息

宋高祖建立大权之后，结束了长期地方分裂的局面，宋朝政府采取了一系列安邦治国的措施，使宋朝的手工业、农业及建筑业等多个领域都取得了很大的成就，百姓们过上了安定的生活。这种良好的社会形态也为宋代家具业的快速发展提供了厚实的技术力量及强大的经济支撑。宋代文人在哲学上选择尊崇自然的道教和提倡秩序的儒教理学，这点在宋代的家具中得以体现。例如宋代的扶手椅，半圈的形式让人有被保护关怀的感觉。

宋代在政治上一直推行“重文轻武”，即便是面对北方的年年入侵，也是采取避让妥协的政策，而当时南宋所处的位置偏于江南，江南的气候舒适、环境宜人、物产丰富，这些都直接影响了宋代家具装饰风格。它摒弃了唐代家具中的雍容华贵，呈现出一种在结构上简洁大方，在装饰上文雅隽秀的美感。宋代的家具中，不管是桌椅还是床榻，大多都是方正简洁比例协调。

苏州沧浪亭：湖池外景

宋代是一个文人气氛非常浓厚的时代，这一时期也出现了很多文人大家，如欧阳修与苏东坡等。他们这些文人都追求以人为本的精神生活与文化环境，并且引领着社会的发展。北宋的徽宗皇帝赵佶也是画家，他的统治更加巩固了宋代文人文化在社会中的主要地位。

宋代家具在装饰上一直都与材料有很大联系，如果所选择的材质较为普通，那么，家具的造型就会涉及的简洁大方，上面不做过于复杂的装饰，这种家具主要以实用为主。如果选择的家具材质比较高档，那么宋人就会在家具实用的基础上加以简单的装饰，使家具同时具有实用性与美观性。这种简单装饰与宋代文人的审美观念息息相关。虽然宋代文人一直崇尚简约的审美观，但这在一定程度上限制了他们的创新意识，显得过于理性而缺少热情。宋代家具所表现出的挺秀雅致的风格与质朴的文化内涵展示了宋代的文化环境，这也为宋代以后的家具发展产生了重大的影响。

苏州狮子林：民国石拱桥

苏州狮子林：石板平桥

6.5 小结

“宋风”家具以其典雅挺秀的造型和精准合理的结构深受众人的喜爱，框架式结构已代替壶门式结构成为家具构造中的主要构件，宋代家具在继承前代家具的基础上形成了属于自己的风格结构，不论是在结构，造型乃至装饰上，都体现出了文化的内涵，并且在这一时期达到了极高的水平。“宋风”家具是对历代家具的总结及提升，也为明式家具的兴盛做了极好的铺垫，从而进入家具发展的鼎盛期。

第7章：

“宋风”家具的审美情趣与禅宗思想

aesthetic taste and zen buddhism of Song-style furniture

苏州狮子林：从假山上看问梅阁、湖心亭、真趣亭

苏州狮子林：假山入口

7.1 宋代文人的审美情趣

宋代是我国审美文化的高峰期，也是一个重要的转折期。在《宋代士人生活情趣特征论》中，作者将宋代文人的生活方式归结为四个特性，分别是多样性、内向性、审美性及文化自娱性。而生活方式的转变也带来了审美情趣，这也成了宋代文人参与家具设计的必要条件。此外，宋代的文人在禅宗思想、儒家和道家思想的相互影响下形成了比较独特的审美觉悟，文人的生活在前人的基础上又多了一种成熟雅致。寄意造物成了宋代文人审美意趣的物化载体和精神寄托，以“宋风”家具最有代表性。宋代文人尊崇“禅宗”思想，追求的是“天人合一”，“不工之工”等观念，在家具史上走出了一条“尚意”之路，在最大限度满足实用功能的前提下进行艺术加工，很好地将实用与美观相结合，体现出巧夺天工的自然之美。

宋代文人审美情趣所追求的最高审美理想就是“淡泊素雅”。这是由宋代文人独特的审美文化所决定的，从本质上看来，它是一种归于平静的文化。“淡泊”来源于庄子的“淡然无极而众美之”的哲学思想。宋代家具推崇“去设计”，而“淡泊”这种审美思想刚好切合这种思想和

苏州狮子林：双香仙馆

苏州狮子林：卧云室

价值追求，也是宋代文人思想境界的表达。

作为审美主体的宋代文人，他们摆脱了政治上的束缚，从社会伦理中走出来，进入淡泊清静、与世无争的生活中，他们遗弃了以往躁动的世俗功利心，宋代文人所崇尚的这种自然之美虽然清澈宁静，但并不意味着平淡寡味。

宋代家具顺应了宋代文人审美情趣，表现出简洁素雅、明快清丽的特点。宋代家具在造型结构上崇尚简练，以突出使用功能为主，装饰艺术精辟，家具所用的材质非常丰富。宋代文人除了作为政治权利的主宰者，还主宰着文化创作，他们追求在轻松的环境中生活、学习和工作，他们对文化生活的态度也影响及推动着宋代家具的发展，让宋代家具充满了浓厚的文人气息，同时也呈现出一种装饰雅致、材质朴素、结构简单的风格，这种风格反映了宋代人简洁朴素的审美观。

7.2 禅宗思想与禅宗美学

禅是一种追求自然的宗教哲学，禅表达的是一种朴素纯净的生活态度和理想境界，禅的宗旨是悟道，而悟道则是以自然作为沟通的桥梁。中国道教中的一种理念是“天人合一”。而禅宗不仅仅是一种理念，更是人们追求返璞归真的生活方式。禅宗文化的发展与传播不但促进了社会、政治和经济的发展还对我国的文化艺术起到深远的影响。“自然、朴素、宁静”的禅宗思想可以让人们虔诚、理智地从自身中找到开脱。闭上眼睛，静下心来参禅打坐，便可寻找到内心的安静与祥和。中国的禅宗发展在历史上有四个时期，最早的禅宗要追溯到菩提达摩进入中国开始，到六祖慧能大师大宏禅宗为止。五宗七派的出现到南宋初期是禅宗的第二个时期，也是禅宗的发展期。第三个时期是明朝晚期到清朝，此时由于禅宗思想不再为人们所需要，所以禅宗进入衰落期。第四个时期是清末时期，由虚云大师带头复兴禅宗至今天，禅宗一直被人们所推崇。禅宗现已成为中国佛教各个宗派中影响最为广泛，传播时间最长的宗派，它在中国哲学思想和艺术思想上有着非常重大的作用。

苏州狮子林：小方厅

苏州狮子林：指柏轩外部

“禅宗将内心看作人的内在本源，得失、苦乐、迷悟都来自人的内心，人生的不如意、成功、辉煌也都取决于内心。”自心也是真心，从本质上来说就是本真之心，这就是佛性，这如同我国唐代道宣在《高僧传》中所阐述的菩提达摩新禅法时说过的“含生同一真性”，意思就是希望人人平等。由此看来，禅宗在弘扬法学时所说的“以心传心”，就是师傅跳过文字的字面意思将文字中所传达的本质告诉佛家弟子，通过禅宗的教义让弟子能够自己领悟。“自心”也是当代设计界非常推崇的设计方式，设计师发自内心地对身边的事情进行相关的合理改造和设计思路的融合，从而达到“天人合一”的境界。

禅宗认为世界上的一切都是主观想象出来的，所以时间万物都是虚幻的，而真实的事物仅仅存在于人的心灵顿悟中。所以，禅宗的核心思想是从一切的束缚中解脱出来从而获得异常淡远的心境。禅的美学意义在于建设“空”的，这也是宋代家具的直接体现。宋代家具是在特定的哲学思想和审美观念下，逐渐升华的艺术载体。宋代民间醇厚的生活观念和艺术品位与儒家的思想相结合，逐渐形成了一种宁静、舒适、简洁的审美思想，这也影响了一向崇尚繁复的达官贵族的审美思想。我们可以从宋代诗词中感受宋代文人思想中的简单幽隽，从宋代的散文中体会宋代文人思想的深微。由此可见，宋代简洁素雅的家具形制也是顺应审美思想发展趋势的。

禅宗美学指的是由佛教禅宗的影响而形成的一种美学思想，它以自己独特的美学范畴和思想体系丰富了中国传统美学的宝库。如果说中国古代的美学研究对象是中国古代人的审美活动，那么禅宗美学就是研究禅师们的审美活动。我国古代的诗歌、绘画、戏曲等各个领域都受到禅宗美学的渗透和冲击。禅宗美学是中国传统美学中的一个重要分支，它是继道家、儒家之后最具有影响力的美学思想，对古代社会产生了很大的影响。而禅宗美学对于家具设计的影响实际上是一种潜移默化的渗透。

苏州狮子林：贝氏祠堂

7.3　对宋代家具设计的影响

宋代在历史上被分为南宋和北宋，历时三百余年，期间还包括辽和金。禅宗在宋代进入了全盛时期，在这一时期，禅宗在绘画、书法和社会生活中得到了全面的发展并且产生了深远的影响，同时还对宋代家具的发展产生了重大的影响。

宋代人非常崇尚和热爱大自然，他们懂得遵循自然规律。宋代家具在整体造型上改变了唐代家具那种富丽堂皇并且厚重的特点，也不像后来的明清家具中设计很多繁琐的线条与华丽装饰。在设计中，宋代人力求简洁大方，突出物体的实用性，走上了以实用为主的，崇尚简练精粹的道路，他们非常注重节俭，并且追求规范，尤其是在宋代绘画作品中所描绘的家具，这种追求表现得更为明显。充满变化的线条是宋代家具中的另一大特色，从帐子、边抹及腿足等处有各种刚柔相济的线脚组合到装饰纹样中的各种曲线、直线的使用将中国传统绘画中的线的艺术特色完美地呈现在宋代的家具中，并且通过宋代家具这个载体呈现给大众。此外，宋代椅子的搭脑、背板与扶手所形成的线条美也是自然流畅，与家具的造型和谐，也把家具中的线条美发挥到极致。宋代时期人们设计的家具表现出了当时的社会习俗，宋代家具的风格古朴、简洁大方、质朴典雅等特征与禅宗文化中所崇尚的“自然、静寂及简朴”的思想极为契合。

苏州狮子林：燕誉堂

宋代家具在装饰上面受到了五代时期家具风格的影响，同时也受禅宗的影响，总体趋于朴素，只是进行局部的一些装饰，比如在家具的桌腿部位，这样可以起到画龙点睛的效果。禅宗美学宣扬对自然美的追求，在宋代家具选材中，很多都是就地取材，力求自然。“天人合一”是禅宗中的一个基本文化特质，同时也是中西方文化差异的一个焦点。在宋代家具中，设计者们也将“天人合一”作为一个设计宗旨，不断地将禅宗文化的元素融入不同种类的家具中。

宋代家具在装饰上讲究简练精粹，尤其是宋代文人的家具，纯装饰的家具并不多，大多是结构的部件组合装饰，这样可以使家具更加牢固，并且也兼具了美观性。其典型的特点是和牙条、牙头、托泥等结构紧密的结合，不做大面积的装饰，只取局部点缀，这与宋代文人崇尚的自然朴素相契合。宋代家具的装饰还与用材有很大联系，以实用为主的家具一般都用普通的材料，上面很少装饰，而文人家中的家具总体装饰较精简，符合宋代人的审美风格。高型家具的成型使得桌案成为家具陈设布局的中心，这也是厅堂类格局的早期形式，这种现象在一定的层面上体现出了宋代文人严谨的传统审美观，符合“天人合一”的禅宗思想。髹漆工艺在宋代已经比较成熟，颜色朴素，更多的是体现出家具本来的质感，追求古朴端庄的艺术美感。

苏州狮子林：修竹阁

苏州沧浪亭：外景湖池

7.4 小结

宋代的家具中所显示的雅致、清新的设计风格，具有和谐、精典的艺术气息，宋代家具的审美特征总体上概括为装饰简练、追求和谐的自然美及质朴、优雅的艺术美。这和宋代文人追求的淡泊清静及崇尚禅宗思想相吻合，成就了让人称赞的精美家具。宋代家具用其高度的艺术美感及独特的艺术气息便显出了宋代人的儒雅风韵，他们将自我才华和审美情趣，结合匠人的精湛技艺来实现其艺术的生命价值。“文人清高的品格、满腔的哀怨、闲适的情致、人生的理想都倾泻在他们的艺术创作与艺术实践中”。宋代家具的背后所蕴藏的简洁雅致是宋代文人的性情写照，这不仅反映了自身存在的价值，还影响了后世的审美观。

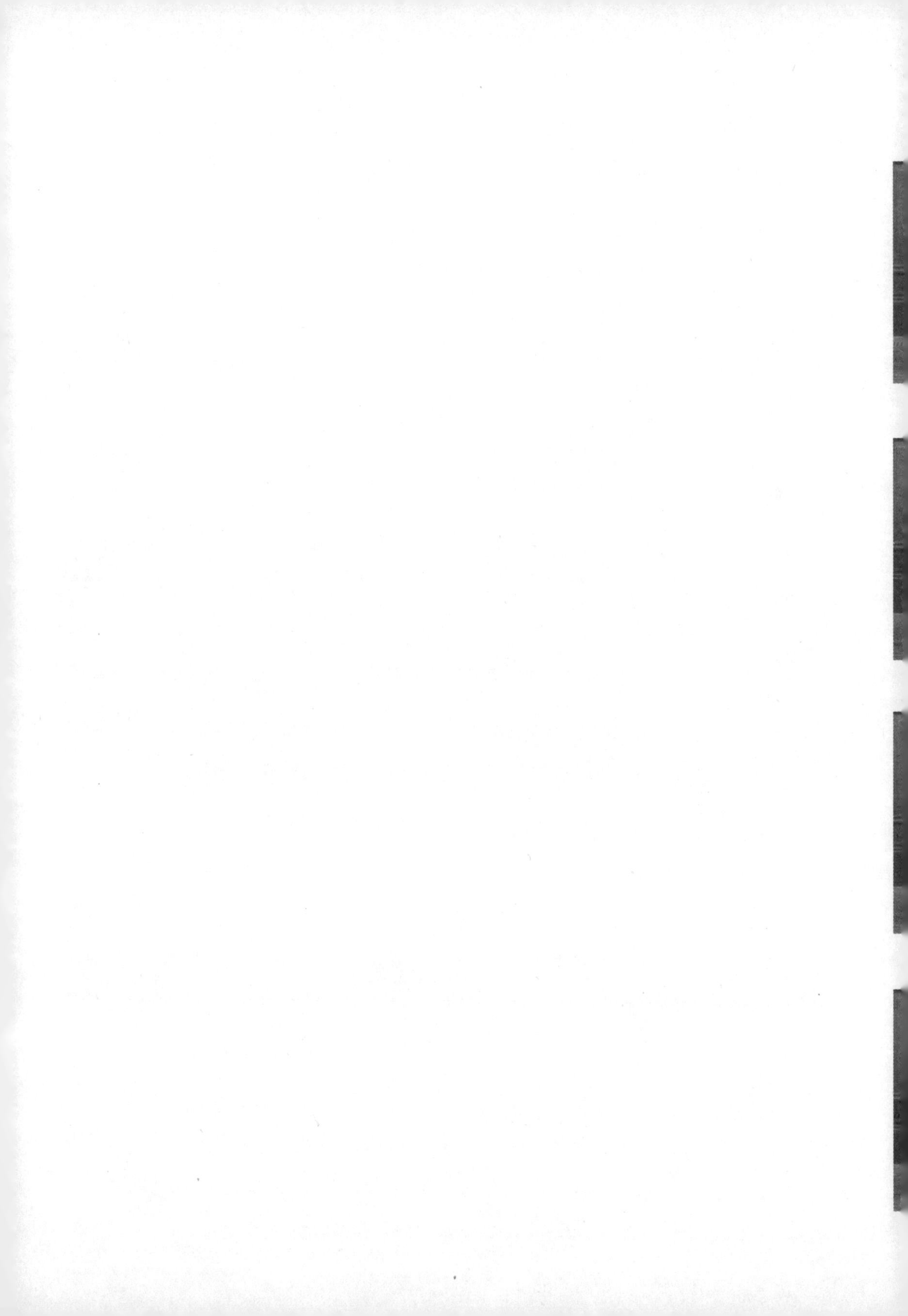

第8章：

"宋风"家具对明式家具的影响

Influence on Ming-style furniture by Song-style furniture

图8-1　明式家具

“明代，我国封建社会得到恢复和发展，特别是在政权建立后，国家稳定繁荣，经济也得到恢复和发展，手工业比宋、元时期有了较大的进步，这在一定程度上促进了明式家具的发展。明式家具（见图8-1）因其简练的造型、精湛的工艺、用料的考究及结构的严谨，成为我国传统家具史上的优秀典范。”它不仅呈现了中国的造物观，还将中国传统的哲学思想完美地展现给大众。但是，明式家具的繁荣与宋代家具的优秀传承有着密切的关系，如果没有宋代高坐家具发展的积累，那么明代家具的繁荣便无从提起。

苏州留园：檐角对峙

苏州留园：从清风池馆看湖池

8.1　材料和装饰上的延续与发展

宋代家具主要是以木、玉、草、石、竹等作为主要材料，其中有很多家具都是在制作的过程中就地取材。苏州虎丘塔发现的有宋代的楠木箱，宋代《十八学士图》(见图4-1)中绘有竹制的玫瑰椅。宋代人对于优质木材的识别为明式家具的用料选择提供了很大的帮助。宋代的家具除了在家具的用材上比较讲究，在装饰上也有很大的研究，而家具的装饰通常和用材有很大的联系，根据材料的不同，会用以不同的装饰，但从总体来看，宋代家具的装饰属于简洁精致的，这与当时宋代人的审美观有很大的关系，另一方面，当时宋代政府一直提倡勤俭节约，反对骄奢淫逸，这种社会风气让人们在审美上越来越推崇简洁清晰的装饰。这种审美方式为明式家具日后在装饰上的丰富变化打下了基础。

苏州留园：入口

苏州留园：洞天一碧

宋代家具一般都是实用性大于装饰性，即便是用到一些具有装饰性的结构，那么这些结构通常也还兼具一些其他功能，比如说牙条和牙头这两种构件组合在一起也起到稳固的作用。宋代家具在装饰上面常用的镶嵌手法，《十八学士图》中就有镶嵌着大理石的图案，这种方法在明式家具中运用得更多，并且技法也更加纯熟。除了镶嵌这一技法外，宋代家具装饰主要和券口、牙条和牙头等紧密结合，这种方式可以让家具更加持久耐用，而且具有审美性。宋代家具的装饰很多出现在腿足的地方，这点在明式家具中也较多出现，如云板腿、花腿和马蹄足等。而在牙头和牙条的装饰中，通常会用如意纹和几何纹等花纹来进行装饰。在宋代初期，人们会使用线脚来装饰家具，线脚多使用在家具的腿部，比较简单，到了明代时期，脚线的样式就变得丰富起来。

苏州留园：林泉耆硕之馆

苏州留园：五峰仙馆

苏州留园：待云庵

明式家具经历了中华民族几千年的文化积淀，随着人们起居形式的改变，手工艺技术的不断提升和审美水平的不断提升，才使得明式家具成为中国传统家具的典范，而宋代的审美标准对明式家具的影响最大。宋代时期，人们都

推崇理性思考。面对被战乱摧毁的自然环境和落后的经济，宋代人吸取了前人的经验教训，选择了倡导理性和遵从自然的儒教学说，追求规范工整的审美标准。此外，宋代除了少数地区仍然保持前代的曲线风格，其他大部分地区都已改用简洁的形式和清新的装饰风格。由此可见，宋代家具的基本特征便是文雅、简练、工整及质朴。这种规整的审美风格虽然使宋代家具看上去简单美观，但另一方面却由于观念的保守，也制约了宋代家具的发展，使宋代家具显得过于理智。明代家具传承了宋代家具中这种追求简洁工整的审美观，但是在思想上却更加开放一些，所以明式家具在形式上更加丰富多样。

8.2　造型结构上的延续与发展

从造型上来看，宋代家具摆脱了唐代家具厚重繁复的特征，更加注重实用功能，造型上追求简练，这种简练在宋代文人绘画中表现最为明显。宋代家具最大的特色在于高坐方式的盛行，特别是在北宋中期之后，高坐家具已经被普通大众所接受认可，高坐家具带来的第一个改变就是高度的变化，高度的变化也使得工艺发生了改进，其中，对榫卯结构的完善是最核心的。在当时，由于受建筑的影响较深，在家具中也出现了大木梁架式的结构，宋人将一些合理的部件和榫卯结合起来进行设计，这给家具的形式带来较为丰富的变化，并且增加了家具的高度，这样，使用空间就加大了一些，并且家具变得更加牢固，后来的明式家具更加丰富，品种也更加齐全。宋代的高型家具也比较符合人体工程学原理。

苏州留园：林泉耆硕之馆外部

人体工程学指的是“对机器与人类各种活动之间的适应度的研究，不断地对机器或者工具进行改良，从而确保人的舒适与健康。”宋代文人充分认识到人的舒适感在家具设计中的重要性，于是在遵循了家具的外观和使用功能的基础上，充分考虑了家具对人类活动、心理感受等方面的影响。如“宋风”家具中的太师椅和圈椅，首先是椅子的高度使人可以垂足而坐，很多椅子设有椅背，人们可以靠在椅背上休息。圈椅的设计更加注重人们的身体舒适度，人坐在圈椅上，不仅可以靠背，还可以将手臂搭在靠背的扶手上。椅子是“宋风”家具中最为重要的，其中靠背椅、灯挂椅、交椅和玫瑰椅等形式也为后来的明式家具的变化形式做了铺垫。在造型上，“宋风”家具分为“束腰”和“无束腰”两种形式，其中“束腰”形式的家具只占较小一部分，现存实物不多，但宋代绘画作品中也有这种家具，这也成为明式束腰家具发展的前提。明式家具一般做法“束腰”家具的腿是弯的，而“无束腰”家具腿是直的，这点与“宋风”家具并无多大差异。中国的传统家具一直都注重线条美，在宋代人们对于线条美的追求已经趋于成熟，到明代达到高峰期。线条的丰富变化被宋代人在家具中使用得游刃有余，在家具的腿足处，边抹处等一些

苏州留园：五峰仙馆外部

苏州留园：揖峰轩前的石林小院

部位都使用了各种曲直不一的线条。线条流畅柔美，与家具的造型达到统一和谐。

8.3 思想风格上的延续

宋代家具的思想风格与宋代的文化与社会形式有着必然的关系。虽然宋代的政治军事比较薄弱，但经济却比较发达，经济的发达也带动了文化的发展，由此也推动了人们生活方式的改变。在中国的家具史上，矮型家具向高型家具的过渡经历了一个很长的时间，在宋代之前，中国的家具主要为矮型家具，到了宋代之后，家具开始出现了从矮型像高型的急速变化，在宋代的画作中就有很多矮型家具与高型家具和谐地放置于同一个空间，毫无违和感，由此也可以证实，宋代家具在中国家具史上处于承上启下的位置。

宋代是一个重文轻武的国家，有着“士大夫不以言获罪”这句话，所以，文人在工艺美术的发展中起着推动的作用。宋代的家具在审美上延续且发展了前代的审美优势。作为一个重文轻武的朝代，宋代的文人比隋唐、五代要多出很多，这些文人大都推崇儒家思想，此外，民间百姓也都追求简单朴素的生活，这样，

苏州留园：碑廊

一种简洁、雅致、宁静的审美思想便在社会传播开来，并且走向成熟。这种审美思想潜移默化地影响了人们对家具的设计及装饰。因此，简洁朴素的家具风格在宋代逐渐成熟，并且顺应了审美思想的发展趋势。宋代的家具分为文人家具和平民家具两大类，如《清明上河图》这幅画作中的家具就属于平民家具，而《高会习琴图》这幅画中的家具则是文人家具的代表。宋代文人的审美与唐代有所不同，唐代比较偏爱艳丽奢华的艺术格调，而宋代文人则热衷于平淡含蓄及典雅的艺术格调。受到宋代审美的影响而发展起来的明式家具更倾向于含蓄和典雅，明代的一些文人会亲自参与到家具的设计当中，他们的审美思想对家具的风格把握起着关键的作用。明朝期间，东南亚一带的木头大量运入，用于制作家具，这些木材材质坚硬，纹理清晰优美，材料的自然属性在家具中完美地呈现出来。

苏州留园：古木交柯

宋代文人非常喜爱水墨画，水墨画中崇尚单纯的色彩思想在家具中得到应用，这对明式家具的审美品格产生很大的影响。在家具设计之前，设计者要考虑如何将材料的天然纹理之美发挥到最好的程度，将木纹的朴实无华与自然之美完全呈现出来。北方一般会用上蜡的方式将木材的纹理呈现出来，这种方式可以很好地保护木材的本质却不伤纹理。而在南方一般会用揩漆的方式。这些方式会让家具的美如同水墨画一般清新自然且原汁原味。明代的文人不只是在思想观念上来影响家具的制作，还有很多文人亲手设计，如《格古要论》中的琴桌便是由曹明仲设计的。除了亲自设计家具，还有一些文人会亲自在家具上面题字作画，以此提高家具的品位。

8.4　小结

宋代家具为明式家具的繁盛奠定了基础，如果没有宋代家具的铺垫，明式家具也不可能在短期内得到如此飞速的发展，若是没有宋代人对家具的材料装饰、风格理念的探索研究，明式家具的成就就不会如此之大。

第9章：

“宋风”家具对当代设计的启示

Implications for contemporary design by Song-style furniture

苏州留园：从紫藤长廊看濠濮亭和清风池馆

9.1 “宋风”家具的研究价值

家具作为中国古代艺术中的重要组成部分，它遵循了中华民族的审美观念和哲学思想，通过精湛的工艺展现出人们艺术文化的生活方式。宋代是中国史上的一个重文轻武的时代，也是文化昌盛的时期，而文化的昌盛也影响了家具的发展，宋代垂足而坐的起居方式成为中国家具史上的重要转折点，这不仅对明清家具的发展产生了重大影响，还对当今的家具发展起着较大的影响。

“宋风”家具在中国传统家具中起着举足轻重的作用，它体现出了超时空的魅力，同时也完美地呈现了中国传统的哲学思想。宋代家具的品种要比唐代家具丰富很多，形制上也更加简单大方，无论是简单的围子床，还是由大木架结构做成的椅子，几乎都是造型方正，比例得当，外表简洁。家具形制上的改变也使室内的陈设格局发生了变化，宋代的日用器具的形态和位置也都发生了改变。高型家具在日常的生活中占据了主要的位置，家具的种类也近乎完善，家具在整体上偏向简洁之风，主要以实用为主，所以很少装饰。虽然宋代家具为后世留下了丰富的设计资源，但是现代的人们显然更加热衷于研究明代家具，而且关于宋代家具业的专著也不多，唯一一部较为全面的关于宋代家具的专著，是由南京林业大学的硕士生导师邵晓峰所写的《中国宋代家具》，在这部著作中，作者通过大量的文献和图像展现了完整的宋代家具史集。

苏州留园：活泼泼地

苏州留园：濠濮亭

我国古代家具历史悠久，但现代研究者更多的是将目光投向明式家具中，明式家具一直受世人追捧，其之所以有如此大的成就，与“宋风”家具有着密不可分的联系，可以说，如果没有“宋风”家具的铺垫，也就不会有明式家具的兴盛，研究“宋风”家具将其设计理念运用于现代家具的设计中，有着非常重要的现实意义。

9.2 “宋风”家具的启示

家具作为人类生活中必不可缺的物品，贯穿了整个人类社会，并且涵盖了人们日常的生活、工作等各方面。“宋风”家具的历史价值与工艺之美还未被世人皆知，现存的“宋风”家具实物数量也非常有限，但是它在中国家具史上的地位却不容忽视，虽然“宋风”家具距今已有千年历史，时代的改变注定了当今的人们无法再去照搬“宋风”家具的工艺，但其对当代家具设计仍有很大的参考价值，这也需要当代家具设计师们的努力学习。

“宋风”家具的独特之处在于它能够顺应时代的需求，要将其设计特点纳入当代家具的设计中，首先需要去了解时代和家具间的关系，从而找到正确的切入点。宋代是中国史上重文轻武的时代，文化与经济的发展促进了技术与艺术的发展，国家的政策让手工业者能够将更多的精力放在家具设计制造中，这为“宋风”家具的形成提供了社会保障。宋代文人的生活方式与品位也深深影响了“宋风”家具的形式，他们是国家统治中的参与者，受国家政策的影响，这些文人有很大的自我发挥空间，他们摒弃了庸俗的审美观，定义了“方正简洁”的标准，通过自己的亲身参与造就了简约的“宋风”家具。

苏州留园：涵碧山房

现代的人们非常推崇简约设计，这与宋代人们追求的简洁之风非常相似，当今人们已经处在了信息爆炸的时代，社会节奏的加快和信息的过剩使当代家具设计更加需要追求简洁，这也是现代社会的一些设计者开始关注“宋风”家具的原因。笔者认为“宋风”家具的简洁与现代家具的简洁相比，两者间还是有一些区别的，“宋风”家具的简洁之风更多来自于文人的品位，而现代家具的简洁多是来自于机械化大批量的加工与反对复杂装饰的现代主义理念，相比之下，“宋风”家具的简洁设计更加具有人文特色。

以“宋风”家具中装饰的图案为例，虽然“宋风”家具具有简洁方正之风，但是家具中的装饰元素仍可以常见，这种装饰性与当时文人的审美相关。他们尊崇“禅宗”思想，追求“天人合一”，对大自然有着深深的依恋，所以他们会把这种情感投入家具的设计中。而现代家具设计在装饰上将眼光放到具有工业化特色的纹理上，认为几何化与其他简洁化的装饰与现代社会节奏更加贴合。但我们也可以用一种文化传承的态度来看待传统图案，例如“宋风”家具中经常出现的“如意纹”及一些镶嵌的装饰手法等，在当今社会中把这些装饰作为文化的符号来借鉴与运用是非常有意义的。

“宋风”家具件件都蕴含着设计者的心思和创造，如举世闻名的“太师椅”，虽然我们不知道其设计者是谁，但由此也可以看出，若是不尊重设计的原创性，就会很难吸引更好的设计者参与，从而造成创造的匮乏。中国的很多家具等工艺品都缺乏原创性，这点可以给当代家具设计师带来警示。

家具是为人的需要而设计的，所以“人”是我们首先需要考虑的因素。当代设计经常从精神和文化等层面来解析人的需求，家具在满足人的生理层面的需求是比较简单的，但要满足精神层面需求的难度较大，这也值得设计者们关注。当代家具设计应该学习“宋风”家具中对人文精神的关注，用创意与设计去改善生活，并满足人的精神需求。这种当代设计理念和“宋风”家具中的“天人合一”的设计理念相似。

9.3 “宋风”家具中设计元素的借鉴

9.3.1 “宋风”家具中材料元素的借鉴

在家具设计中首先要确定好材料，其次再去进行创造形态。现代家具的材料种类丰富多样，如钢材、塑料、铝等新兴材料都越来越多地出现在家具设计中。但从“宋风”家具中我们也认识到传统家具的重要作用。宋代的木材种类较多，例如黄花梨木和楠木等，但是由于产量较小，所以在现代家具中的运用较少，而且价格都很高，而当代人们对家具的需求量非常大，这就要求当代家具寻找代替木材的材料。

“竹子”作为家具的材料也已被世界所共识，从它入手也是“宋风”家具材料借鉴的可行方法。除了木材，竹子在宋代家具中的运用也非常多，传统的竹材弯曲性极强，表面也很光洁，生长速度较快，所以便于取材和加工。但竹材很容易发生霉变，且容易生虫，结实性也比较差。竹材家具最初形制大都是用粗竹筒弯曲组成框架，而随着各种竹类加工技术的发展，现在已有很多竹板材的性能指标甚至还要高于木材。依靠现代技术进行弯曲和拼合等也让家具摆脱了之前较为简陋的外表而富有设计感。竹子的生长速度很快，这让它比木材更加具备成本优势，也在现代家具中更受欢迎。

9.3.2 宋代榫卯元素借鉴

在中国几千年的历史以来，木材一直都是建筑与家具的主要材料，而榫卯具有独特的中国传统特色，将其使用到现代家具设计中能够体现中国特色。传统的榫卯制作比较费时间，而且对工匠的技艺要求比较高，但是现代的计算机辅助设计能够让榫卯元素的设计更加便捷。如果现代家具的榫卯完全依赖于“宋风”家具中的榫卯设计，就会失去现代设计的趣味，如“宋风”家具常常会隐藏榫卯，极力表现材质本来的美感，而现代家具设计中却经常喜欢故意的将榫卯露出来让人感受榫卯的魅力，将榫卯当作一个设计元素来创作。由于科技的进步，现代的榫卯比“宋风”家具中的榫卯又有了很大的进步，例如不同材质的互相榫卯法和创新设计的榫卯结构等。这也展现出了中国传统的阴阳、虚实等哲学思想和现代设计的结合。

优秀的家具设计师非常重视家具对人的心理和生理所产生的影响，他们非常善于运用传统元素来表现富有层次和个性的人文情怀与情调。当今社会，家具的形式越来越受到消费者的重视，产品设计样式百出，多元化的发展和多种风格样式并存，并且也逐渐形成各具特色的流派。

9.3.3 “宋风”与“新中式”设计风的思考

“新中式”风格诞生于当代对中国传统文化复兴的需求，这一时期，人们的民族文化意识开始复兴，设计者们不再一味的模仿与抄袭纯中式古典或西方的设计，而是逐渐孕育出了含蓄秀美，又具有现代风范的新中式设计风格。

“新中式”设计风格不是纯粹的将传统元素堆砌在一起，而是通过对传统文化中的优秀元素进行提炼，然后将之与现代元素进行融合，使得传统艺术美学在当今社会得到合适的体现。中国传统建筑非常注重平面空间的层次感，这种传统的审美观也启发了“新中式”设计，并且得到了全新的阐释。

作为一种中式设计风格，它与西方的设计风格又有很大的不同，“新中式”风格是以中国传统古典文化作为背景，推崇极简主义，营造的是极富中国浪漫情调的生活空间，这种极简主义早在“宋风”家具的设计中就已经体现出来，此外，新中式风格运用“金、木、水、火、土”五种元素的组合规律来营造禅宗式的宁静环境，这与“宋风”中所推崇“禅宗”思想不谋而合。同时，“宋风”家具可以与新中式风格结合，在人体工程学方面，在当代简约主义美学上也吸收西方的一些设计理念和风格，这样就能为当代的“新中式”设计融入“宋风”的古典情怀，并进一步丰富设计语汇，推进当代中国设计、中国创造的发展之路。

苏州留园：亦不二

9.4 当代“宋风”家具案例

9.4.1 苏州重元寺室内家具中的“禅风与宋风”

中华禅宗是佛教极致中国化的宗派，产生于唐代。宋代是南禅思想应用的时代，同时也是从盛到衰的时代，“中华禅宗要求去除一切模式化的心理束缚，但不排除对模式的应用。”这一点和艺术创作的心理较为相似，要有发散性思维，但是也需要线性的应用。近期的禅风似乎专门指向“简静”，这也是日本禅宗的特征。而中华禅宗则主张的是“活泼、自由”之风。

对于重元寺的记载，最有意义的莫过于北宋时期原禅师所编纂的《景德传灯录》。理想中的重元寺应该是禅风与宋风的结合，但较为遗憾的是重元寺最终实施了明清风。为了能从内部设计中体现出一些“禅意宋风”之感，设计师经过慎重的思考之后，选择了旃檀林作为实践的对象。

苏州重元寺（见图9-1）始建于梁武帝天监二年，原名重玄寺。重元寺与闻名海内外的寒山寺同时代，但在“文革”时期被完全损毁。重元寺于2005年开始进行全面重修，2007年建成、开光，坐落于风景迤逦的阳澄湖畔。重元寺在建筑上整体继承了明清建筑的风格，但为了体现出一些禅风宋意，室内设计师在经过一番思考之后，选择了“旃檀林”（见图9-2）院落作为实践对象。这在钱文襄先生所写的《禅风·宋风：苏州重元寺旃檀林“宋风”家具初探》中有着详细的记载和解析。

旃檀林院落由一主一辅的两个厅堂构成（见图9-3），正厅为‘水乡净土厅’（见图9-4），辅厅为‘妙香厅’（见图9-5）。设计师擅长明式苏作，对于新增加的“宋风”要求最初显得有些压力，但经过细心的搜集资料后，最终找到了方案。正厅“水乡净土”沿用明清式中堂陈设格局，而“妙香厅”内的陈设以宋氏厅堂为参照，根据具体的使用要求而选择家具的样式，“厅中有两序陈列的座椅，是参考日本正仓院藏宋代禅椅之式而制（见图9-6）”。

图9-1　苏州重元寺

图9-2　旃檀林

图9-3　旃檀林院落中的水乡净土厅与妙香厅

“妙香厅”的家具陈设中，使用一台独屏为背景，屏的尺寸较大，屏内有画作《香严童子悟道图》镶嵌其中。屏前置有一张壶门结构的榻，此榻的形制参考了宋代的《梧阴清暇图》中的双人连椅式榻。为了照顾到现代人使用的习惯，人们可以垂足而坐，也可以盘腿坐在上面。厅中两翼根据舒适度采用了明式扇面型南官帽椅。在后面的窗台下，各设置了一条明式条案。

图9-4　旃檀林院中水乡净土厅

图9-5　旃檀林院中妙香厅

图9-6　妙香厅内的椅子

9.4.2 “宋风”家具之“重山造”

苏州重元香山营造有限公司开发的“重山造”品牌是以“与古为新”为设计理念，以宋风家具为首例，力求对古典家具的光复、传承、创新，追求宋风禅意一种内在精神，以期与现代美学及其生活方式融会贯通。

家具是应人们日常起居而生，但其形式与风格的形成无不反映出当时的社会环境与美学特征，宋代统治者们重文轻武的思想为文人提供了自由的创造空间，而当时也是禅宗思想盛行的时期，文人便将禅宗思想中所推崇的天人合一的思想投入到家具的创作中。虽然后期的明清家具更受现代人们的喜爱，但宋代家具所特有的禅意却是明清家具所无法企及的。“重山造”品牌就是致力于宋风禅意的物化载体开发，从而开辟一条道器相合的当代设计、文创产品之路。

由于宋代家具存世的实物太少，所以“重山造”产品研发团队仔细研读有关宋代书画中的家具，领会贯通后，将其运用于宋风家具的创作中。以下两个实物就是以宋代家具为参照原型而创作出的“重山造”禅椅。其中一件是以南宋张训礼的《围炉博古图》（见图9-7）中的玫瑰椅样式为创作原本，所用木材材质为杉木；另一件是以南宋佚名《五山十刹图》（见图9-8）中的径山化城寺客位椅为创作原本，所用木材也是杉木。“重山造”禅椅没有对这两个实物作整体造型上的改动，仅在高度尺寸上略有改动。

图9-7 以《围炉博古图》中的玫瑰椅样式制作的“重山造”椅子

图9-8　以《五山十刹图》中的椅子样式制作的“重山造”椅子

9.5 小结

“宋风”家具有着很多智慧和独特的设计，它是中国传统家具设计的精髓，对当代家具设计将会带来很大的启发。由于“宋风”家具与现代家具有着不同的时代背景，所以在借鉴时无法简单地将其造型“复制”过来，所以其优秀的设计理念应该受到重视，要学习其用设计来满足人的生理与心理上的需求。“宋风”家具博大精深，造型、材质和装饰等方面都能够启发现代家具的设计，对“宋风”家具中的元素进行取舍和重构，对当代家具设计有重大的意义。作为“宋风”实验性家具品牌，“重山造”力图为中国古典空间与现代场所提供一种具有“与古为新”理念的室内家具系列。它们既是源流传统，又能融入现代，不仅为提升当代中国人的美学趣味，不仅为助力中华民族的伟大复兴，也为迈出国门，走向世界，与世界文化交流融合，而不懈探索、融境致远。

结语

“宋风”家具是我国传统家具史上的重要转折点，集历代家具之大成。“宋风”家具的形成受到当时的经济、文化和政治等多方面的因素共同作用影响，虽然宋代在政权上的相互对峙所造成的战争一直持续不断，但是宋代所推崇的重文轻武的思想却使经济文化的发展达到了高峰。这也让宋代家具在风格上呈现出了“简洁典雅”的艺术格调。宋代高型家具经历了唐代以来的由低到高的家具转变过程，并且最终确定了以高型家具为中心的垂足而坐的起居方式。

本书以宋代的社会背景为出发点，分别对“宋风”家具中的桌案类、橱柜类、椅凳类及床榻类几种类型的家具形制结构等作了分析和总结，将宋代家具的整体形制作了解析之后又对宋代家具的结构、装饰及材料作了针对性的解析，还梳理并分析了“宋风”家具与禅宗思想之间的关系及禅宗美学在宋风家具设计中的运用。此外，本书还列举了两个“宋风”家具在当代家具设计中运用的实例，由此希望“宋风”家具所处的这一特殊时期灿烂辉煌的文化得以传承发展下去。

文献
references

参考文献：

[1] 马飞. 家具的嬗变——宋代高型家具研究 [TS]. 太原理工大学，2010

[2] 杨铮铮. 宋代家具的文化魅力 [J]. 数位时尚，2010（10）

[3] 薛伟明. 宋代家具的文化气息 [J]. 苏州工艺美术职业技术学院学报，2006（03）

[4] 孙迟，王秋阳. 禅宗美学对宋代家具设计的影响. 建筑与设备，2011（1）

[5] 黄群，郑祖芳. 从家具的发展透视社会政治经济文化变迁. 商业时代，2008（12）

[6] 马飞. 从椅类家具的成型看宋代生活起居方式 [J]. 安徽文学，2010（02）

[7] 唐昱. 独领风骚的唐代家具 [TS]. 家具，1995（04）

[8] 李汇龙；邵晓峰. 敦煌壁画中的唐代家具探析——以高榻为例 [J]. 艺苑，2014（10）

[9] 胡德生. 古代的柜、箱、橱和架格 [K]. 寻根，1998（03）

[10] 高艳. 柜架类家具 [K] 收藏家，2001（06）

[11] 邵晓峰. 厚积薄发——宋代家具的发展基础新论 [J]. 中国美术，2011（02）

[12] 王迪，朱洁冰. 基于宋文化的竹家具设计 [TS]. 竹子研究汇刊，2015（11）

[13] 胡德生. 几子案子和桌子 [TS]. 家具，1997（05）

[14] 张彬渊，田霖霞. 简析大足石刻中的宋代家具 [TS]. 家具，2015（01）

[15] 刘锡涛，肖云岭. 江西宋代手工业经济发展概述 [K]. 井冈山师范学院学报，2004（03）

[16] 肖建新. 论断代宋史的著述——以《宋代史》为考察中心 [K]. 安徽师范大学学报：人文社会科学版，2006（01）

[17] 熊凌宇. 论明式家具对现代家具设计的启示 [J]. 景德镇陶瓷学院，2011（06）

[18] 韩延兵. 论宋代家具美学特色——“富贵气象”[TS]. 家具与室内装饰，2015（10）

[19] 杨洋. 论宋代家具在茶馆中的运用及禅意的体现 [TS]. 河北大学，2014（05）

[20] 周道生. 论宋代经济文化与赋税制度上 [F]. 湖南税务高等专科学校学报，2014（04）

[21] 盛春亮. 明式家具成因研究. 中南林业科技大学，2015（06）

[22] 梁丽伟. 明式家具的设计理念及其对现代设计的启示研究 [J]. 山东大学，2009（05）

[23] 柳枝. 明式家具设计中的美学思想研究 [J]. 东北林业大学，2010（04）

[24] 王之千. 浅析人体工程学在中国传统家具设计中的运用 [TS]. 大众文艺，2013

[25] 陈婷；朱翔. 浅析宋代的家具工艺 [TS]. 科教文汇(下旬刊)，2008（12）

[26] 薛梅. 浅析现代主义和中国古代家具的关系. 大观周刊，2012

[27] 李健林. 生活方式的变迁对我国家具功能形态的影响研究——以桌案类家具为例 [F]. 中南林业科技大学，2011（05）

[28] 张锦鹏. 试论宋代手工业分工与商品供给增长的关系 [F] 云南社会科学，2002（03）

[29] 李汇龙，邵晓峰. 宋代佛教家具设计中的坐具研究. 常州工学院学报(社科版)，2015

[30] 邵晓峰. 宋代家具：明式家具之源 [J]. 艺术百家，2007（05）

[31] 邵晓峰. 宋代家具材料探析 [TS] 家具与室内装饰，2007（08）

[32] 邵晓峰. 宋代家具与现代主义设计 [J]. 南京艺术学院学报(美术与设计版), 2011 (06)

[33] 刘淑芳. 宋代建筑的艺术特点与风格研究 [TU]. 艺术与设计(理论), 2011 (01)

[34] 谭杉. 宋代社会文化环境对家具形态的影响 [TS]. 兰台世界, 2015

[35] 吴家炜，简家秀，朱云. 宋代审美哲学对家具的影响 [J] 家具与室内装饰，2010

[36] 孙以栋，毕存碧. 宋代文人审美情趣及特性——以宋代家具为例 [TS] 浙江工业大学学报(社会科学版), 2015

[37] 杜月，邵晓峰谈趣、说理、聊美——从宋代家具的研究意义说起 [J]. 艺苑，2010

[38] 扬之水. 唐宋时代的床和桌 [J] 艺术设计研究，2012 (06)

[39] 蕙馨. 中国家具艺术明清家具_桌案类 [J] 金融管理与研究，2010 (03)

[40] 邵晓峰. 卓然而立的宋代桌 [J] 艺苑，2014 (12)

[41] 钱文襄. 禅风·宋风：苏州重元寺旃檀林“宋风”家具初探. 重山社微信公众号 (2016. 8. 18)

[42] 邵晓峰. 中国宋代家具. 东南大学出版社，2010

(备注：本文部分图片来自网络与《中国宋代家具》中的用图，请未及联系的图片作者联系我们：0512-62852996)

后记
postscript

编写一册有关宋代家具的书籍并非一时兴起，而是多年来萦绕在我心头的一个计划，无奈繁事太多，只好一直搁浅。直到这个计划去年再次被重提，我才由于冥冥之中的因缘巧合而重新整理自己的思路，也将出书的计划真正开始落实起来。虽然在写书的过程中经历了种种波折与辛劳，但值得欣慰的是，此书终于完成并即将面世。

“君子可以寓意于物，而不可以留意于物。寓意于物，虽微物足以为乐，虽尤物不足以为病；留意于物，虽微物不足以为乐，虽尤物足以为病。”寓意于物是一种超然的态度，留意于物则是一种拘执的态度。寓意于物，遂可得自然之心、自娱之态。而正是宋代这种自适自然的态度，让我对宋代之物多了一份好感。

宋代的家具以质朴取胜，给人清淡雅致之感，于简洁之中蕴含了典雅平正的风格。而今日之人，多钟情于明清家具，殊不知宋氏家具乃是明清家具之源。对“宋风”家具的喜爱并不仅仅因为它简洁的造型，更是因为“宋风”家具中所折射出的内在精神，这种精神品质是其他朝代家具中所缺少的。宋代家具去掉了多余的装饰，却以匀称的造型、舒适的比例、润泽的表面产生了摄人心魄的含蓄之美。宋代家具趋于简洁化和儒雅化，也正是此种特点，会把其所在的整个空间营造出一种简朴适意的氛围，从而使处在其中的人感到休闲自在。

众所周知，宋代是一个重文轻武的朝代，也是禅宗思想盛行的时期，这种社会环境给人们的思想带来了解放，民间简朴醇厚的生活观念与艺术趣味，儒释道思想的合流，使一种宁静恬适与清新雅致的思想在文人中逐渐成熟，而这种思想也被人们带入了家具的制作中。宋代家具凝炼的造型也会让人自然想起西方现代主义中“少就是多”设计理念，以及日本现代流行的简洁的生活理念。不管是宋代家具与西方现代主义的殊途同归，还是宋代家具对日本生活理念的潜移默化，这些都让我看到了宋代家具延续了近千年却依然未减的魅力。

我投身于园林古建筑行业已有十余载，在长期的学习与工作积累中，深深地感受到内在精神与品质的重要性，而“宋风”家具中所体现出来的精气神，正是我所期望并且追崇的。我不遗余力地将笔触伸展至宋代的艺术与精神领域，也正是希望通过本书可以让更多的人看到宋代家具简洁之中所蕴含的理念。

由于时间仓促，对于资料的整理或有不全之处，写作过程中也难免会出现一些错误，望广大读者及专业人士不吝指正。

周骏

2017年10月

图书在版编目（CIP）数据

古典空间里的宋风家具 / 周骏著．—北京：中国建筑工业出版社，2018.4
（苏作匠心录丛书．第二辑）
ISBN 978-7-112-21628-4

Ⅰ．①古… Ⅱ．①周… Ⅲ．①家具－研究－中国－宋代 Ⅳ．①TS666.204.4

中国版本图书馆CIP数据核字（2017）第304970号

责任编辑：胡明安
特约编辑：张　燕
责任校对：李欣慰

苏作匠心录丛书（第二辑）
古典空间里的宋风家具
周骏　著
*
中国建筑工业出版社出版、发行（北京海淀三里河路9号）
各地新华书店、建筑书店经销
北京锋尚制版有限公司制版
北京方嘉彩色印刷有限责任公司印刷
*
开本：787×960毫米　1/16　印张：13½　字数：211千字
2018年2月第一版　2018年2月第一次印刷
定价：140.00元
ISBN 978－7－112－21628－4
（31280）